少儿学编程

Scratch 3.0

少儿游戏趣味编程2

李强 李若瑜 著

人民邮电出版社

北京

图书在版编目（CIP）数据

Scratch 3.0少儿游戏趣味编程. 2 / 李强，李若瑜
著. -- 北京 ：人民邮电出版社，2020.8
　（少儿学编程）
　ISBN 978-7-115-54140-6

Ⅰ．①S… Ⅱ．①李… ②李… Ⅲ．①程序设计－少儿
读物 Ⅳ．①TP311.1-49

中国版本图书馆CIP数据核字(2020)第095309号

内 容 提 要

　　本书通过 15 款精彩的趣味游戏，详细讲解了 Scratch 3.0 的使用方法与编程技巧，帮助读者快速掌握程序设计的基本思想和方法。

　　全书共 8 章。第 1 章带领读者认识 Scratch 3.0，第 2 章介绍 4 款入门级的游戏及其编写过程，帮助读者做好准备和过渡；第 3 章介绍了 4 款初级游戏的编写，第 4 章和第 5 章分别介绍了两款中级游戏的编写，第 6 章介绍了高级游戏“保卫城池”的编写，第 7 章介绍了高级游戏“扫雷”的编写，第 8 章介绍了高级游戏“超级马里奥”的编写。本书游戏选材精练有趣，结构合理，由浅入深，符合读者学习规律，讲解生动活泼，寓教于乐。

　　本书适合中小学信息技术课教师或培训老师，以及想要让孩子学习 Scratch 的家长阅读参考，也非常适合小学生或初中学生自学。

　◆ 著　　　　李　强　李若瑜
　　　责任编辑　陈冀康
　　　责任印制　王　郁　焦志炜

　◆ 人民邮电出版社出版发行　　北京市丰台区成寿寺路 11 号
　　　邮编　100164　电子邮件　315@ptpress.com.cn
　　　网址　https://www.ptpress.com.cn
　　　固安县铭成印刷有限公司印刷

　◆ 开本：720×960　1/16
　　　印张：14.75　　　　　　　　　2020 年 8 月第 1 版
　　　字数：227 千字　　　　　　　2025 年 3 月河北第 14 次印刷

定价：69.00 元

读者服务热线：(010)81055410　印装质量热线：(010)81055316
反盗版热线：(010)81055315

Introduction

前言

我的写作经历

到2019年，我已经陆续写作出版了4本少儿编程方面的图书，这些图书得到了众多读者和培训机构老师的欢迎。Scratch 3.0编程相关的两本图书反响很大，我经常会通过电子邮箱、微信公众号、微信等方式，接收到读者的来信和积极正面的反馈，或表达喜爱，或请教问题，或提出更好的建议和更多更细的需求。从读者提出的问题中，我能够感受到他们强烈的求知欲和阅读需求，而这也正是驱动我继续研究和不断写作的原生动力。

回想最初编写《Scratch 3.0少儿游戏趣味编程》一书的动机，只是想减少李若瑜玩电脑游戏的机会，同时又能和他一起学习和交流Scratch 3.0编程。没想到这本书上市后，受到了读者朋友的青睐，短短1年的时间，一印再印，成为同类图书中的畅销书。通过这本书的出版，我更加清晰地感受到青少年读者阅读和学习这本书还存在一定的困难和门槛，而市场上还存在入门级图书的空白。于是，我便很快开始着手编写《Scratch 3.0少儿编程趣味课》。我对该书内容结构进行了精心设计，在案例选材方面也是颇费心思，在讲解方式上，更注重基础知识，逻辑更加清晰，语言更加生动易懂。

《Scratch 3.0少儿编程趣味课》上市之后，虽然也得到了很多读者的喜爱，尤其是很多小读者和培训机构的喜爱，但其受欢迎的程度似乎没有《Scratch 3.0 少儿游戏趣味编程》那么强。这让我内心难免有一点点失落。上市时机固然是一方面原因，另外一方面，我相信很多入门级的读者还没有机会去认识和感受《Scratch 3.0 少儿编程趣味课》内容的精心设计和独到之处。

2020 年 3 月，人民邮电出版社的异步社区尝试开展了《Scratch 3.0 少儿编程趣味课》读书打卡活动，数百个小朋友在线打卡，按照规定的进度学习这本书的内容。我了解到，大部分小读者都能够跟上每节课的进度，进而掌握图书的内容并编写出其中的示例，我感觉到很欣慰也很欣喜。这说明我对这本书下的心思没有白费，也证实了它确实更加适合入门级的读者，非常适合小读者自学，而不需要家长和老师的任何辅助。

应该如何看待少儿游戏编程

在少儿编程热度日渐上升的今天，社会上、教育界，甚至家长中有这样一种观点，认为少儿教育和培训中，游戏化的倾向太严重了，搞得孩子玩得多，学得少。对此，我的观点是，游戏是人类的天性，也是孩子的天性。我们不应该一味地反对游戏，而是要正确利用游戏来引导和教育，让娱乐性贯穿在教育的整个过程中，提升教育的效果和可持续性。我也不认为当前少儿教育和培训中游戏化的倾向太严重，与其完全拒绝孩子接触电子产品和游戏的机会，还不如通过游戏引发孩子的好奇心、学习编程的原动力和编出游戏的成就感。

Scratch 的发明者米切尔·雷斯尼克（Mitchel Resnick）在《创作式学习方法》这篇文章中表达了这样一种观点，"幼儿园的小朋友们一起编故事、搭城堡、画画儿，由此发展并提高了自己创新性思考和协作的能力，而这恰恰是要在现代社会中获得成功和成就感所最需要的能力"。

他进而指出："幼儿园的这些活动是一种螺旋式上升的过程，孩子想象自己能做些什么，并且基于自己的想法，使用积木、手指和其他材料创建项目，把玩自己的创作成果、和其他人分享思路和创意，思考别人给出的体验，所有这些还能够驱动他们产生新想法、实现新想法。这种迭代式的学习过程正是在为当今快速变化的社会做理想的准备。在今天的社会里，人们必须要不断地针对生活中意料之外的情况提出创新的解决方案。"

如果我们把游戏看作是"故事""城堡""画作"一样的工具和项目，那么，到底用什么工具和项目来培养孩子的创新能力和协作能力并不是最关键的因素，"游戏"两个字也就不再是心中的执念了。Scratch只不过是代替了"积木""手指"和其他材料（卡片、木棒、颜料、橡皮泥……）的一种电子媒体技术，只不过它更方便、更好用而已。我们更应该在意的是，当前社会和教育系统对创新性思考的重视程度足够吗？

说到这里，读者应该明白了，为什么麻省理工学院媒体实验室负责开发Scratch的团队叫作"终身幼儿园团队"。亲爱的读者朋友，欢迎你跟随我们一起在学习编写本书中的精彩、有趣的游戏的过程中，发展自己的创新思维和协作精神，进而获得成功和成就感！

本书的内容结构

美国著名教育家约翰·杜威曾说过："大多数的人，只知道对五官接触的、能够实用的东西才有趣味，书本上的内容是没有趣味的。"本书的目的是通过生动有趣的游戏案例，让读者在阅读和学习过程中体会到"书本上的趣味"，进而通过自己动手编写趣味游戏，感受更广泛的书本之外的趣味。

本书通过详细介绍使用Scratch 3.0开发15款精彩的趣味游戏的过程，帮助读者掌握程序设计的基本思维和方法，以及Scratch 3.0编程的基本技能。本书不是Scratch 3.0入门读物，不会详细介绍Scratch 3.0编程基础知识。但是，本书贯彻"只要用到，一定讲到；只有用到，才会讲到"的原则，在介绍游戏编写的过程中，结合游戏自身的需要，穿插介绍一些基本的概念、技巧和方法。其目的是确保读者对于游戏开发过程，看得懂，学得会，编得出。

本书一共8章，各章主要内容如下。

第1章带领读者认识Scratch 3.0及其网站，了解如何使用Scratch 3.0，认识Scratch 3.0的项目编辑器和各种类型的积木，并且动手编写第一个简单的小程序。

第2章详细介绍4款入门游戏的编写过程。它们是"会跳舞的螃蟹""弹球""月球躲猫猫""生日贺卡"。入门游戏是本书新增加的一个层级，比初级游戏更加简单。结合这4款入门游戏，我们还穿插介绍造型的概念和造型切换、角色造型和背景的绘图操作、声音在游戏中的作用、背景切换、碰撞检测、变量的概念和用法等知识点。这些知识点可以为读者更好地学习后面各个层级的游戏开发做好准备和过渡。

第3章详细讲解"养花""小熊和白马赛跑""接苹果""指尖陀螺"这4款初级游戏的编写过程。

第4章介绍"神奇的魔法""吃豆人"这两款中级游戏的编写过程。其中，在介绍"神奇的魔法"游戏编写的过程中，结合游戏的需要，讲解"录制声音素材"和"添加扩展积木类型"的技巧和方法。在介绍"吃豆人"游戏的编写过程中，结合游戏的需要，讲解"创建列表和导入列表的值""什么是函数？如何创建自制积木？"的知识点和技巧。

第5章介绍"抗击新冠病毒""潜水艇大挑战"两款中级游戏的编写过程。

第6章介绍高级游戏"保卫城池"的编写过程。

第7章介绍了高级游戏"扫雷"的编写过程。"扫雷"游戏的逻辑算法相对复杂，但其难点和关键点在于行、列、方块编号的计算，以及它们和坐标位置的关系，需要读者仔细体会才能掌握。这一章还简单介绍"递归"的概念。

第8章介绍高级游戏"超级马里奥"的编写过程。这款游戏涉及的角色和代码较多，其关键点在于动态游戏角色的移动方式和造型变换，以及动态角色和静态角色之间的水平相对距离和垂直相对距离的计算和判断。

本书的特色

在编写本书的过程，笔者注意坚持和体现以下几个特色。

● "做中学"的方法和理念。学习任何具有实践价值的知识和技能，最好的方式就是"做中学"。也就是说，我们要通过编写实际的游戏和案例，才能更好地熟悉和掌握Scratch 3.0编程。

- 游戏选取注意代表性，更加细致地划分难度层次。本书选取的15款游戏，根据编写的难度，分为入门游戏（4款）、初级游戏（4款）、中级游戏（4款）和高级游戏（3款）4个不同的层级。层级划分更细致，意味着不同层级游戏的类型、代码量、相关知识点和编写技巧等方面的差异会更加细微，同时，作者采用不同的讲解方式和细节处理方式，难度也会更大。但这种细致的层级划分，将会使读者能够循序渐进地阅读和学习，应该说，这是一种积极的、有益的尝试。

- 选取的游戏强调趣味性、可玩性，范围广。所选的15款游戏，既包括"弹球"这样的简单且普及性强的游戏，也包括"养花""生日贺卡""指尖陀螺"这种更贴近青少年生活的游戏；既包括"扫雷""超级马里奥"这样的经典游戏，也包括"抗击新冠病毒"这样具有时效性和知识性的游戏，力求向小读者传递正能量，帮助他们培养好习惯；甚至还包括"潜水艇大挑战"这样的"网红游戏"。

- 注重在讲解过程中体现趣味性。在每款游戏的开头和结尾，以"爸爸"和"涨涨"对话的形式，更好地引入游戏的主题或切换出紧张的游戏编写场景和学习过程，以期能够带给读者更好的阅读体验，减少阅读和学习的疲劳感。

- 使用"小贴士"和特殊的板块，详细讲解编程过程中用到的知识和技巧，突出强调需要读者特别注意的地方，或者是解释程序设计中的重点和难点。

目标读者和阅读建议

本书适合以下几类读者参考阅读。

- 中小学信息技术课教师或培训老师，可以使用本书作为教材，教授Scratch 3.0编程基础课程。

- 想要让孩子学习 Scratch 3.0 的家长，可以使用本书作为亲子读物，一边自己阅读，一边教孩子掌握 Scratch 3.0 编程。

- 小学生或初中学生，也可以自行阅读和学习本书，遇到有难度的地方，可以向家长或老师请教。

读者一定会问的一个问题是，这本书和我之前的两本 Scratch 3.0 编程图书有什么区别。在这里，我们特意给出较为详细的比较和说明，并给出建议的学习和阅读路线。

《Scratch 3.0 少儿编程趣味课》注重基础知识的介绍和铺垫，按照 Scratch 3.0 积木的类别模块详细介绍，辅以由浅入深的示例，最后才是两个完整的大游戏案例。这本书更加适合入门级的读者，也适合小朋友自学。根据我得到的一些反馈，不需要家长和老师的任何辅助，小朋友也能够学习和掌握这本书的基本内容。

《Scratch 3.0 少儿游戏趣味编程》和本书一样，都是通过详细介绍 15 款不同层级、由易到难的趣味游戏的开发过程，帮助读者学习 Scratch 3.0 编程技能，以及程序设计的理念和方法。两本书在如下几个方面存在一些细微的差别。

- 游戏选取和游戏层级划分不同。虽然两本书都选取了 15 款游戏，但由于篇幅限制，挑选游戏的时机差异，所选游戏各有特色，存在差异。此外，在游戏的层次划分方面，本书基于《Scratch 3.0 少儿游戏趣味编程》所确定的初级游戏、中级游戏和高级游戏这 3 个层级，加入了一个入门游戏，以降低难度，更加方便初学者阅读和学习。

- 对基础知识的取舍不同。《Scratch 3.0 少儿游戏趣味编程》前两章介绍了 Scratch 3.0 的基础知识和游戏编程用到的一些概念。本书没有介绍这些内容，第 1 章只是简短地帮助读者认识 Scratch 3.0 及其基本工作界面，然后由入门游戏来完成轻松而快速的衔接过程。

- 讲解方式和逻辑存在细微不同。受到篇幅和写作经验的限制，《Scratch 3.0 少儿游戏趣味编程》在讲解游戏开发过程时，相对比较简略和直接，好在我和出版社录制了详细的讲解视频，一定程度上可以弥补文字讲解的遗憾。本书在内容讲解上更加细致，更加注重逻辑性，而且引入了父子对话的环节，增加了阅读的趣味性，减少了学习的枯燥感。本书延续《Scratch 3.0少儿游戏趣味编程》的特点，继续使用小贴士、特殊板块来强调一些需要读者特别留意之处。

我给读者建议的阅读和学习路线是，先学习《Scratch 3.0少儿编程趣味课》打好基础，然后通过本书来进阶到不同层级的开发，再学习和阅读《Scratch 3.0少儿游戏趣味编程》。按照这个过程，阅读、学习和编程循序渐进，相信读者的感觉也会比较轻松。注意，在阅读《Scratch 3.0少儿编程趣味课》的时候，可以先跳过这本书的最后两课，等有了一定的编程经验后，再返回去学习那两个游戏的完整开发过程。

这3本书的详细对比，参见下表。

对比项	《Scratch 3.0少儿编程趣味课》	《Scratch 3.0少儿游戏趣味编程》	《Scratch 3.0少儿游戏趣味编程2》
Scratch版本	Scratch 3.0	Scratch 3.0	Scratch 3.0
基础知识讲解	较多且讲解详细	两章，相对较少	1章，很少
案例和游戏数量	40多个小案例，两个完整大游戏	15款游戏	15款游戏
游戏层级	不分层级	分为初级、中级、高级3个层级	分为入门、初级、中级、高级4个层级
案例趣味性和可玩性	较强	很强	很强
配套代码和素材	有	有	有
案例演示视频	有	有	有
配套视频讲解	提供在线观看	提供在线观看	提供在线观看
拟人化和对话式讲解	少量	没有	较多
阅读和学习难度	容易	中等到较难	中等
为培训机构和学校教师提供PPT	提供	提供	提供
阅读和学习顺序	入门（建议先跳过第24课和第25课）	提高	提高和进阶

资源下载和服务

本书的示例程序和游戏等配套资源的服务由异步社区提供支持。请读者通过www.epubit.com下载本书的示例程序，然后，使用Scratch 3.0在线版、Scratch Desktop或Scratch 2.0离线版本，通过在"文件"菜单下点击"从电脑中上传"的方式导入程序。

当书中提到背景、角色、声音等文件，需要"从配套素材中导入"的时候，读者需要选择"上传"菜单，找到配套素材文件所在的文件夹将其导入，才能继续后续的操作。当书中提到"从背景库导入"/"从角色库导入"/"从声音库导入"的时候，这就意味着，所用到的背景、角色或声音等是Scratch 3.0自带的素材，直接从相应的库中选择导入就可以了。

在异步社区的本书页面中，点击"观看在线课程"按钮，回答和本书内容相关的问题，即可在"在线课程"栏中，观看本书配套视频。

作者简介

李强，计算机图书作家，曾经是赛迪网校计算机领域的金牌讲师，从2002年开始了计算机的网络授课。目前专注于青少年计算机领域的教学，先后编著了《Scratch 3.0 少儿游戏趣味编程》《Scratch 3.0少儿编程趣味课》《Python少儿趣味编程》等畅销书，配套的教学视频也得到了读者的喜爱。曾荣获人民邮电出版社"2019年最具影响力作者"称号。可关注公众号"李强老师的编程课堂"联系作者，以获得更多支持和帮助。

李若瑜，小学五年级学生，电玩狂热爱好者。他为书中的游戏贡献了很好的创意和素材。李若瑜同学还主动承担了测试工作，所有示例游戏都经过了他"苛刻"的试玩。他也是书稿的第一读者。

致谢

正如前面所提到的，本书的写作离不开《Scratch 3.0少儿游戏趣味编程》和《Scratch 3.0少儿编程趣味课》的成功。感谢这两本书的读者和我的公众号"李强老师的编程课堂"的订阅者，他们不断地提出了非常宝贵的反馈意见和新的学习需求，为我持续研究Scratch 3.0编程教育主题和继续写作提供信心和原动力。

写一本书是一件很不容易的事情。本书从下定决心到素材收集，从搭建大纲到具体动笔，整个过程耗时较长，漫长而煎熬。感谢家人的支持和鼓励，以及对我生活无微不至的照顾。感谢李若瑜在本书构思和写作过程中提供的有力帮助。顺便剧透一下，他就是这本书中提到的"涨涨"。

感谢人民邮电出版社的陈冀康编辑，本书是在他的激励和督促下完成的。感谢人民邮电出版社信息技术分社的刘涛社长，以及刘鑫、卢金路等，他们对我的写作提供了很多关心和帮助，及时把有效的市场信息和读者意见反馈给我，帮助我不断反思、改进和提高。感谢人民邮电出版社的尚丽洁，她在图书配套视频课程的策划、录制和拍摄中，给予了无私的帮助。我编写的图书能够得到读者的欢迎和喜爱，离不开出版社同仁大量的幕后支撑工作。

感谢本书的所有读者。选择了这本书，意味着您对作者的支持和信任，也令作者如履薄冰。由于作者水平和能力有限，书中一定存在很多不足之处，还望您在阅读过程中不吝指出。可以通过 *reejohn@sohu.com* 联系作者。

资源与支持

本书由异步社区出品，社区（https://www.epubit.com/）为您提供相关资源和后续服务。

配套资源

本书提供如下资源：

- 游戏离线版源代码；
- 游戏配套素材；
- 书中彩图文件；
- 配套视频在线观看。

要获得以上配套资源，请在异步社区本书页面中点击 配套资源 ，跳转到下载界面，按提示进行操作即可。注意：为保证购书读者的权益，该操作会给出相关提示，要求输入提取码进行验证。

如果您是教师，希望获得教学配套资源（教学PPT），请在社区本书页面中直接联系本书的责任编辑。

提交勘误

作者和编辑尽最大努力来确保书中内容的准确性，但难免会存在疏漏。欢迎您将发现的问题反馈给我们，帮助我们提升图书的质量。

当您发现错误时，请登录异步社区，按书名搜索，进入本书页面，点击"提交勘误"，输入勘误信息，点击"提交"按钮即可。本书的作者和编辑会对您提交的勘误进行审核，确认并接受后，您将获赠异步社区的100积分。积分可用于在异步社区兑换优惠券、样书或奖品。

扫码关注本书

扫描下方二维码，您将会在异步社区微信服务号中看到本书信息及相关的服务提示。

与我们联系

我们的联系邮箱是contact@epubit.com.cn。

如果您对本书有任何疑问或建议，请您发邮件给我们，并请在邮件标题中注明本书书名，以便我们更高效地做出反馈。

如果您有兴趣出版图书、录制教学视频，或者参与图书翻译、技术审校等工作，可以发邮件给我们；有意出版图书的作者也可以到异步社区在线投稿（直接访问www.epubit.com/selfpublish/submission即可）。

如果您来自学校、培训机构或企业，想批量购买本书或异步社区出版的其他图书，也可以发邮件给我们。

如果您在网上发现有针对异步社区出品图书的各种形式的盗版行为，包括对图书全部或部分内容的非授权传播，请您将怀疑有侵权行为的链接发邮件给我们。您的这一举动是对作者权益的保护，也是我们持续为您提供有价值的内容的动力之源。

关于异步社区和异步图书

"异步社区"是人民邮电出版社旗下IT专业图书社区，致力于出版精品IT技术图书和相关学习产品，为作译者提供优质出版服务。异步社区创办于2015年8月，提供大量精品IT技术图书和电子书，以及高品质技术文章和视频课程。更多详情请访问异步社区官网https://www.epubit.com。

"异步图书"是由异步社区编辑团队策划出版的精品IT专业图书的品牌，依托于人民邮电出版社近30年的计算机图书出版积累和专业编辑团队，相关图书在封面上印有异步图书的LOGO。异步图书的出版领域包括软件开发、大数据、AI、测试、前端、网络技术等。

异步社区

微信服务号

Contents

目录

第 1 章
Scratch 3.0 初体验

Scratch 由麻省理工学院的媒体实验室"终生幼儿园"团队设计并制作，是专门为青少年开发的一种可视化编程语言。编写 Scratch 代码，实际上就是将多个积木（也叫作代码块或模块）组合在一起，实现想要达成的目标。

Scratch 这种简单、可视化的编程方式，使得编程过程中融入了更多的趣味性和创造性，因而很容易受到少儿和青少年的喜爱，进而激发他们编写程序的欲望。在美国，随着 STEAM❶ 教育理念的提出，Scratch 也受到越来越多的学校和教育机构的青睐，他们纷纷开设 Scratch 课程。在中国，北京、上海、南京等地的一些中小学和校外培训机构，也纷纷开展 Scratch 编程兴趣课程和培训。孩子们通过玩游戏、编程、编写游戏等方法来学习计算机编程的一些基本思维方式。这促使 Scratch 成为一种逐渐流行起来的语言和工具。

在本书中，我们将按照从易到难的步骤，学习使用 Scratch 3.0 开发 15 款趣味游戏。"万丈高楼平地起"，在开始学习编写游戏之前，让我们先一起来认识一下 Scratch 3.0 吧！

---

❶ STEAM 是科学（Science）、技术（Technology）、工程（Engineering）、艺术（Art）和数学（Mathematics）的缩写。STEAM 是一种重实践的超学科教育理念，强调任何事情的成功都不仅仅依靠某一种能力，而是需要综合应用多种能力。STEAM 理念旨在培养人的综合才能。

1.1 Scratch网站

要学习和使用Scratch 3.0，我们要做的第一件事情是访问Scratch的官方网站。打开网站后的页面如下图所示。

在页面顶端有一行菜单。如果点击"创建"按钮，则会打开Scratch 3.0的在线编辑器，我们就可以开始创作自己的项目、进行编程等等。注意，点击页面中部的"开始创作"按钮，也会起到同样的效果。如果点击页面顶端的"发现"按钮，则会开始浏览Scratch网站上保存的项目。点击"创意"按钮则会打开一系列由Scratch网站提供的教程，可以帮助初学者快速了解和掌握Scratch。点击"关于"按钮，会打开关于Scratch软件的介绍，有分别针对家长和教师等不同人群的说明。点击右方的"加入Scratch社区"按钮（或者点击页面中央的"加入"按钮），可以创建账号或者使用已有的账号登录到Scratch社区。最右方的"登录"按钮，用来直接通过已有的用户账号登录。

我们先通过"创建"菜单或者页面上的"开始创作"按钮，进入Scratch 3.0编辑器吧。编辑器页面的正中央，是一个简短的52秒的视频教程，说明了用Scratch能够做什么，简单介绍了如何使用它，如下图所示。

你可以点击播放，观看这个视频。看完这个视频，可以点击右边的 ▶ 按钮，继续观看下一个相关的视频，或者点击上面的"关闭"按钮以关闭视频，直接开始动手尝试。

注意编辑器左上方的菜单项中，有一个 ⊕ 菜单，点击其右边的小三角，可以打开一个语言菜单项，从中可以选择编辑器界面所采用的语言，如右图所示。一共有近50种语言可供选择，可见Scratch 3.0在全世界有多么流行！当你第一次访问Scratch 3.0在线版的时候，记住，首先通过这个语言菜单选择"简体中文"。

1.2　Scratch 3.0的环境搭建

1.2.1　创建Scratch社区用户

Scratch 3.0支持在线和离线两种编程方式。在线方式不需要单独安装软件，直接进入Scratch的官方网站（见下图），输入用户名和密码，登录后即可使用。但是，要以在线方式使用Scratch 3.0，我们需要注册一个Scratch登录账户。点击首页右上角的"加入Scratch社区"按钮（或者点击页面中央的"加入"按钮）。注意，也可以先点击"创建"按钮，打开Scratch 3.0编辑器，然后点击编辑器右上角的"加入Scratch"按钮进行注册。

打开"加入Scratch"的界面之后，只要按照提示填写相关的信息，大概需要四五个步骤，你就可以完成注册并拥有一个Scratch账户了。

1.2.2　Scratch 3.0的离线安装

Scratch也支持离线方式，也就是在没有连接互联网的时候，同样可以使用Scratch来编写程序。不过对于离线方式，需要先下载和安装相应的软件后，才可以使用。鉴于目前访问Scratch网站的时候，常常会因为网络带宽的限制而影响到访问的流畅性，我们强烈推荐读者下载并安装Scratch的离线版，这样一来，日常的学习和使用会非常方便。

打开Scratch的官网，在页面底端的"支持"类别中选择"下载"，如下图所示。

Scratch 3.0离线编辑器支持众多的操作系统，包括Windows、macOS、ChromeOS和Android。我们将以Windows系统为例，介绍安装步骤，先在下图的"选择操作系统"处点击Windows图标。

在这个页面的下方，详细说明了下载安装的步骤，下载和安装过程变得非常简单！

点击"直接下载"按钮，就可以开始下载，在编写本书的时候，下载后得到的文件是Scratch Desktop Setup 3.10.2。❶ 只需要双击该文件，就可以开始安装Scratch 3.0离线版。

安装完之后，桌面上会出现一个[图标]图标。只要点击该图标，就可以打开

---

❶　虽然桌面版的小版本号是3.10.2，但大版本号仍然是3.x，其功能上并没有太大的改变。

5

Scratch 3.0 离线版编辑器，如下图所示。注意，Scratch 3.0 离线版改变了名称，叫作 "Scratch Desktop"（Scratch 桌面版），它使用的是全新的 Scratch 3.0 的功能界面。

现在，我们完成了离线版本的安装，即使没有连上互联网，同样也可以编写 Scratch 程序了。

既然已经安装好了 Scratch 3.0，我们需要认识和熟悉一下它的工作界面，也就是 Scratch 3.0 的核心工具——项目编辑器。

1.3 项目编辑器介绍

不管是在线使用还是离线使用 Scratch，项目编辑器都是我们必不可少的工作平台和操作界面。让我们先来认识和熟悉一下它吧！

使用刚刚注册的账户登录 Scratch 网站。点击页面上方的"创建"按钮。系统会自动创建一个新的项目。Scratch 3.0 的项目编辑器分为 5 个区域，分别是菜单栏、操控区、代码区、舞台区和角色列表区，如下图所示。

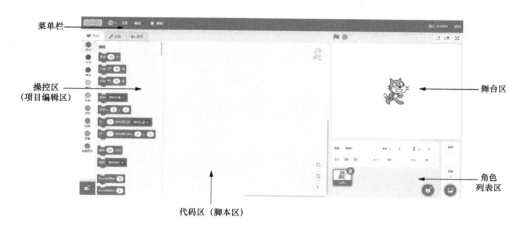

菜单栏

操控区
(项目编辑区)

代码区（脚本区）

舞台区

角色
列表区

顶部是菜单栏，包括"语言""文件""编辑""教程""加入Scratch"和"登录"等菜单和功能选项。最左边的一列是操控区（也就是项目编辑区），由3个标签页组成，分别用来为角色添加代码、造型和声音，也可以设置和操作舞台背景；对代码、角色、背景、声音等的主要操控都是在这里完成的。中间比较大的空白区域是代码区（也可以叫作脚本区），可以用来针对背景、角色编写积木代码，操控区的9大类、140多个积木都可以拖放到代码区进行编程。右上方为舞台区，这里呈现程序的执行效果。右下方是角色列表区，这里会列出所用到的角色缩略图以及舞台背景缩略图。

1.3.1 舞台区

界面右上方是舞台区，该区域会显示程序执行的结果。舞台区左上方的绿色旗帜按钮 是程序启动按钮，点击它开始执行程序；左上方红色按钮 是停止按钮，点击它停止程序运行。该区域的右上角是全屏按钮 ，点击它，舞台会扩展为全屏。在全屏模式下，舞台区的右上角会出现 按钮，点击它可以退出全屏模式。

在编辑器默认的布局中，舞台区占有较大的面积。点击舞台区的右上方的 按钮，可以使用缩略布局样式，改变舞台区和角色列表区的布局，从而使得代码区占据更大的操作空间，以便于编程，如下图所示。

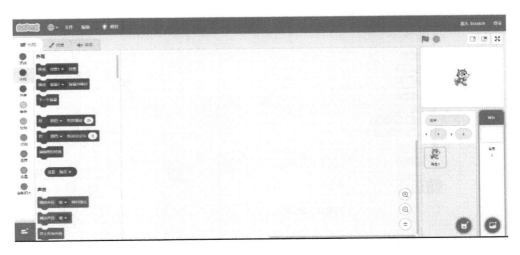

在缩略布局样式下，点击舞台区右上方的 按钮，编辑器将返回默认的布局样式。用户可以根据自己的具体需求，使用这两个按钮，对编辑器的布局进行调整。

1.3.2　角色列表区

界面右下方是角色列表区，包含角色和舞台背景两部分内容，有默认布局和缩略布局两种布局样式，如下图所示。左边是角色列表区，显示了程序中的不同角色；右边是舞台背景列表区，显示了程序中使用的舞台背景的信息。最上边是信息区，当选中角色或者舞台背景的时候，信息区会显示所选中的角色或舞台背景的名称、坐标、显示或隐藏、大小、方向等信息。

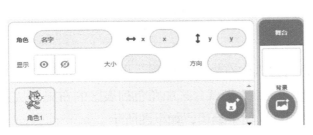

默认布局

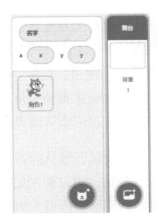

缩略布局

这个区域有两个非常醒目的动态弹出式按钮，分别是角色按钮◎和背景按钮◎。

直接点击角色按钮◎，可以从角色库中选择需要的角色。如果只是把鼠标光标放在该按钮上，则会弹出4个新的菜单式的角色按钮，分别代表4种不同的新增角色的方式，如表1-1所示。

表1-1　角色按钮的弹出菜单

按钮	功能
⬆	点击该按钮，可以将素材从本地作为角色导入到项目中
✴	点击该按钮，将会随机导入一个角色。当你创意枯竭的时候，不妨通过点击这个按钮获得一点启发
✏	点击该按钮，将会在操控区的"造型"标签页下，打开内置的绘画编辑器，自行绘制角色造型
🔍	点击该按钮，和直接点击◎按钮的效果是相同的，即从背景库中选择需要的角色

直接点击背景按钮◎，可以从背景库中选择需要的背景。如果只是把鼠标光标放在该按钮上，则会弹出4个新的菜单式的背景按钮，分别代表4种不同的新增背景的方式，如表1-2所示。

表1-2　背景按钮的弹出菜单

按钮	功能
⬆	点击该按钮，可以将素材从本地作为背景导入到项目中
✴	点击该按钮，将会随机导入一个背景。当你创意枯竭的时候，不妨通过点击这个按钮获得一点启发
✏	点击该按钮，将会在操控区的"背景"标签页下，打开内置的绘画编辑器，自行绘制背景
🔍	点击该按钮，和直接点击◎按钮的效果是相同的，即从背景库中选择想要使用的背景

1.3.3 操控区

编辑器的最左边的区域是操控区（也可以叫作指令区或项目编辑区），如右图所示。操控区的"代码"标签页中，提供了"运动""外观""声音""事件""控制""侦测""运算""变量""自制积木"和"扩展积木"10大类、140多个积木供我们使用。这些不同类型的积木，使用了不同的颜色表示。我们可以拖放这些积木到代码区，组合成各种形式，从而完成想要实现的程序。

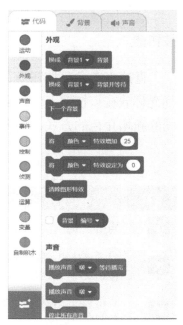

在"代码"标签页中，可以将操控区中的积木拖放到代码区，为角色指定要执行的动作，如下图所示。

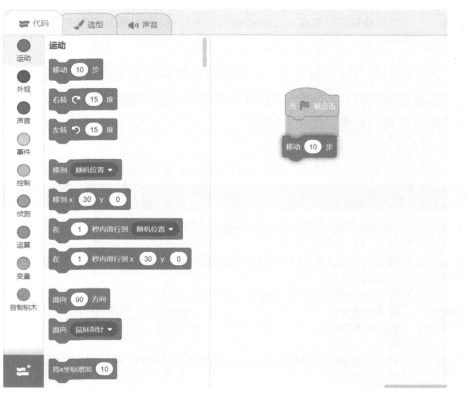

在"造型"标签页，可以定义该角色所有会出现的造型，如下图所示。

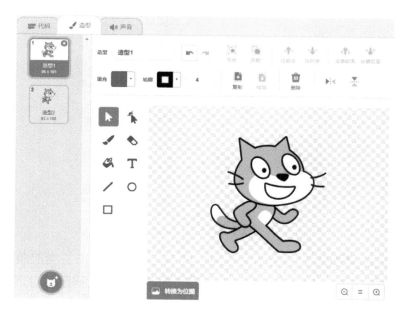

在"声音"标签页，我们可以采用声音库中的文件、录制新的声音或导入已有声音，来为角色添加声音效果，如下图所示。

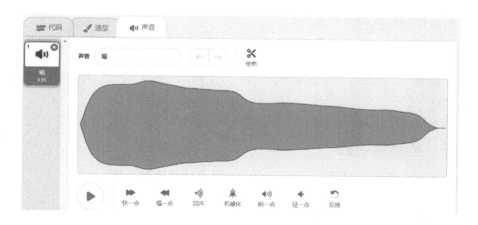

1.3.4 代码区

编辑器的中间部分是代码区，我们就是在这里对积木进行各种组合，使用和操控角色的造型、舞台背景以及声音等。

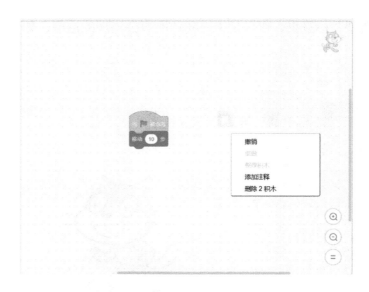

代码区的界面如上图所示。代码区的右上角，显示出了当前角色的缩略图，这可以让用户一目了然当前是在对哪个角色编程。代码区的右下角竖排的3个按钮，分别可以放大代码视图、缩小代码视图和居中对齐代码。注意，当代码较多，超出了代码区的范围的时候，可以拖动下方和右方的滚动条来查看更广的工作区域内的代码。当我们在代码区工作的时候，可以根据自己的需要，灵活布局和滚动查看代码。

在代码区的任意空白区域点击鼠标右键，会弹出一个菜单，可以对积木进行"撤销""重做""整理积木""添加注释""删除积木"等一系列操作，如上图所示。

1.3.5 绘画编辑器

接下来，我们来认识一下 Scratch 3.0 内置的绘画编辑器。

点击 Scratch 3.0 项目编辑器左上角的"造型"标签页，就会打开绘画编辑器，在这里可以手工绘制新的角色。

下图中，右边就是 Scratch 3.0 内置的绘画编辑器，它提供了绘制和修改图像以用做角色和背景的所有功能。绘画编辑器有两种运行模式：位图模式和矢量图模式。默认情况下，绘画编辑器处于矢量图模式，我们可以点击左下角的按钮在这两种模式之间切换。

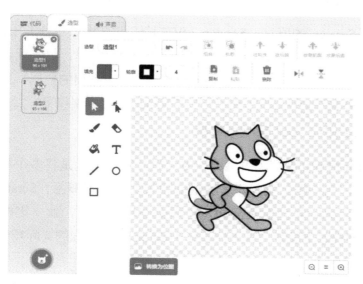

矢量图与分辨率无关，可以将它缩放到任意大小和以任意分辨率在输出设备上打印出来，并且不会影响清晰度。

位图编辑器如下图所示。位图与分辨率有关，即在一定面积的图像上包含固定数量的像素。因此，如果在屏幕上以较大的倍数放大显示图像，或以过低的分辨率打印，位图图像就会出现锯齿边缘。

1.4 Scratch 3.0编程就像是搭积木

了解了 Scratch 的网站、Scratch 3.0的下载和安装，熟悉了项目编辑器，接下来我们要认识一下 Scratch 3.0编程了。一听到编程，很多读者首先就会想到要坐在计算机屏幕前，飞速地敲击键盘输入一系列的代码，这可不是一般人能够轻松学会的技能啊！那么，怎么用 Scratch 3.0编程呢？需要用键盘敲代码吗？难度大吗？我们能学得会吗？

我们前面提到了，编写 Scratch 3.0代码，实际上就是将多个积木（也叫作模块）组合在一起，实现想要达成的目标。一句话概括，Scratch 3.0编程并不需要敲代码，它就像是搭积木！只要你玩过积木，就一定能轻松学会 Scratch 3.0编程。下面我们先来体验一下 Scratch 3.0编程的实际场景和编程方式，帮助大家解决一系列的疑惑！

如果你玩过积木，一定已经对积木及其玩法有了一些认识。首先，积木是模块化的。无论搭建的最终成果有多大，它都是由一个又一个的积木块拼接组合起来的。其次，积木块有不同的类型和形状，不同类型和形状的积木块，有不同的用途和搭建方法。最后，搭积木的时候，积木块按照一定的规则和方式组合在一起，搭建的成品才能够稳定牢固。

Scratch 3.0编程和搭积木的思路几乎是相同的，并不需要你输入代码，所有的编程工作就像搭积木一样，这种编程思想也称为可视化或模块化。Scratch 3.0程序是由一个个叫作积木的子模块按照一定的规则组合在一起而形成的，如下图所示。

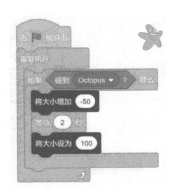

Scratch 3.0中包含的140多个积木，按照其功能划分为10大类（如右图所示），分别是"运动""外观""声音""事件""控制""侦测""运算""变量""自制积木"和"扩展"（包括音乐、画笔、视频、文本翻译以及几大类和不同的硬件协同工作的积木）。不同的积木，以不同的颜色加以区分，一目了然。

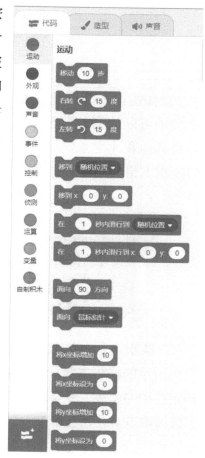

如果按照外形特征和使用方法来划分，这140多个积木可以划分为6大类：

- 栈积木；

- 启动积木；

- 侦测积木；

- 布尔积木；

- C积木；

- 结束积木。

接下来，我们逐一介绍这几类积木，并且在此过程中顺便了解一下这些积木的组合规则。

1.4.1 栈积木

栈积木是最主要的积木类型，Scratch 3.0中的大多数积木都是栈积木。栈积木这个名字可能不太好理解，我们可以打一个比方。栈积木是顶部有一个凹口而底部有一个凸起的积木，就像是一个盘子一样。如下图所示，凹口和凸底充当了可见的标志，表明了栈积木如何组合到一起来创建程序逻辑。

顶部的凹口表示这个积木可以附加到另一个积木之下，就好像是这个盘子可以放到其他盘子之下一样。这个积木的底部的凸底又允许其附加到其他积木之上，就像是一个盘子可以放到其他盘子之上。彼此叠加的栈积木组成了程序，看上去就像是摆在一起的许多个盘子一样，如下图所示。

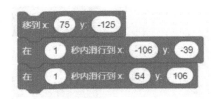

一些积木之中包含输入区域，允许通过输入数字来指定一个值。例如，右图所示的栈积木允许通过输入一个步数值（这里是10），来指定移动的步数。要修改这个积木中的值，在积木的白色椭圆形区域中点击，并且输入一个新的值就可以了。

一些积木还允许从下拉列表中选定一个值来配置它们，如右图所示。

1.4.2　启动积木

启动积木是顶部有一个圆角或曲线形状，而底部有一个穹形凸顶的积木，如下方的左图所示。这个凸顶表明它可以像盖子一样放到其他栈积木的顶部。前面我们说栈积木就像是盘子，那么启动积木就像是程序的盖子如下方右图所示，一旦这个盖子打开，下面的盘子中装的好吃的就可以拿出来品尝了！

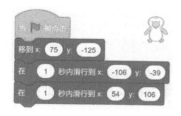 

启动积木提供了创建事件驱动的脚本的能力。事件驱动的脚本是当指定的事件发生的时候自动执行的一个脚本。事件的一个示例是，当用户点击了绿色的旗帜按钮的时候，会自动触发脚本的执行，如右图所示。

当用户点击角色的时候，也能够触发脚本的执行。可以通过在脚本的开始处添加积木，来进行这一设置，如右图所示。

启动积木还可以检测某个按键按下、舞台切换为某个背景、声音达到某个响度、计时器触发等各种事件，从而在这些事件发生的时候启动执行。还有一种特殊的启动积木，就是"当作为克隆体启动"积木，我们可以用它来控制角色的克隆体执行一些操作。

1.4.3　侦测积木

第三种类型的Scratch积木是侦测积木。侦测积木是一个圆角的积木，它专门被设计用来提供输入以供其他的积木处理。右图所示的积木是一个典型的侦测积木，这个积木获取一个数字值来表示角色的音量。

注意，在侦测积木的左边有一个小的空白方框，默认情况下，这个方框是空白的。如果选中了这个方框，该侦测积木所侦测的变量的值就会在舞台上显示出来，如右图所示。

注意，侦测积木的形状都是圆角，因此它们只能够放入右图所示的这种包含一个圆角的空白变量的积木之中。

1.4.4 布尔积木

布尔积木的形状是尖角的六边形，如右图所示。如果
用户按下了空格键的话，这个特定的积木将返回一个为真
的值，如果没有按下空格键，它返回假。由于布尔积木拥有尖角的形状，它
只能够嵌入右图所示的这种包含尖角形的输入区域的一个积木中。

布尔是一个术语，用于表示拥有两个值（真或假）之一的数
据。在所有的高级语言中，都有这么一类叫作布尔类型的变量，
这是用乔治·布尔的名字来命名的。乔治·布尔是19世纪英国最
重要的数学家之一，由于他在符号逻辑运算中的特殊贡献，很多
计算机语言中将逻辑运算称为布尔运算，将其结果称为布尔值。

乔治·布尔

要利用布尔积木，需要将布尔积木嵌入另一个积木中，而
后者也必须包含一个可以容纳布尔积木的尖角六边形的空白。

1.4.5 C积木

C积木的形状就像是字母C，因而称之为C积木。C积木用于循环或判断。
C积木中会包含由其他积木块组成的一段程序，只要测试条件为真，就会一
次性或者不断循环运行C积木中包含的程序。

Scratch 3.0有5种不同的C积木，而这5种积木都是控
制积木。右图给出了C积木的一个例子，该积木重复地执
行包含在其中的任何积木，直到测试条件变为假。

1.4.6　结束积木

结束积木停止脚本的执行。结束积木顶部有一个缺口，而底部是平坦的，这表示一段脚本的结束，如右图所示。如果说启动积木是一个盖子、栈积木是一个盘子，那么结束积木就像是最下面的一个托盘。我们不能将其他的积木放到结束积木的底部，就像是托盘之下不能再放任何的盘子了。

1.5　动手编写第一个程序

熟悉了Scratch网站和项目编辑器的各个部分，并且认识了Scratch 3.0的6大类型的积木，你是不是已经迫不及待地想要动手操作一番了？接下来，我们就用Scratch 3.0来编写一个简单的程序，让我们的主角——小猫动起来，并且能发出"喵喵"的声音。

1.5.1　让小猫动起来和叫起来

首先，从Scratch网站左上方的菜单中点击"创建"按钮或者点击页面中间的"开始创作"按钮，打开项目编辑器。会看到舞台上有一个默认的小猫角色。

第1步

从"代码"标签页下的"运动"类积木中，把 移动10步 这个积木拖放到代码区，此时，如果用鼠标点击代码区的这个积木块，会看到舞台上的小猫向前移动10步。

第2步

我们再来看看"声音"类的积木。从"声音"类积木中，拖动 播放声音 喵▼ 等待播完 积木块，将其放到 移动10步 下方。此时会注意到， 移动10步 下方的凸底和 播放声音 喵▼ 等待播完 上方的凹口会自动组合到一起，形成一个积木块组合。此时，如果点击代码区的这个积木块组合，舞台上的小猫会移动10步并发出"喵"的声音。

第3步

那么，我们应该在什么时候开始执行这个积木组合，让小猫动起来并叫出声呢？这就需要在这个积木块组合的上方放置一个"事件"类积木来启动积木块。从"事件"类积木中，把 拖动到代码区中，放到之前的组合积木块的上方。完成后的代码如右图所示。

此时，如果我们点击舞台区左上方的 ▌按钮，这段代码就会开始运行，小猫就会动起来并发出叫声。在程序运行过程中，任何时候，当我们点击舞台区左上方的 ● 按钮的时候，程序就会停止运行并退出。

1.5.2 文件保存操作

编写完程序，如何保存自己的项目呢？这就要用到项目编辑器的菜单栏了。

在 Scratch 3.0 中，点击菜单栏上的"文件"菜单，从中选择"保存到电脑"，当前工作的项目就会默认以"Scratch 作品 .sb3"为名，保存到你的计算机的"下载"文件夹中，如右图所示。".sb3"是所有 Scratch 3.0 程序文件的默认后缀名。

在这里，我们先把1.5.1小节中编写的小猫程序保存下来。点击菜单栏上的"文件"菜单，从中选择"保存到电脑"。我们知道，程序员学编程的时候，经常把自己编写的第一个程序命名为"HelloWorld"，那么接下来，我们就将这个小猫程序命名为"HelloKitty.sb3"吧！

如果你用自己注册过的用户名登录到 Scratch 网站，文件操作会更加简单。在"文件"菜单下，直接选择"立即保存"，项目就会自动保存到项目中心，如右图所示。点击你的用户名菜单下的"我的项目中心"，或者直接点击菜单栏上的  按钮，就可以看到保存的副本。

1.5.3 将程序导入Scratch 3.0项目编辑器

我们已经知道了如何把程序保存到本地计算机。那么，当我们需要再次使用编写过的程序，或者要修改它的时候，该怎么把它导入Scratch 3.0的项目编辑器中呢？

点击菜单栏上的"文件"菜单，从中选择"从电脑中上传"，将会出现一个"打开"窗口，我们从资源管理器中找到"HelloKitty.sb3"文件所在的位置并选中该文件，然后点击窗口中的"打开"按钮，就可以把程序导入Scratch 3.0的项目编辑器中了，如下图所示。

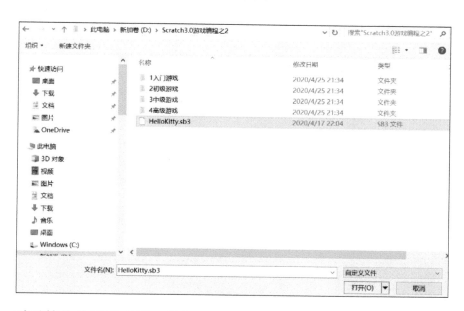

对于其他的程序来说，导入Scratch 3.0的项目编辑器中的步骤和过程都是一样的。例如，我们可以通过出版社的网站下载本书的所有配套示例和游戏的离线代码，然后在Scratch 3.0的项目编辑器中点击菜单栏上的"文件"菜单，从中选择"从电脑中上传"就可以了。

好了，在本章中，我们已经完成了 Scratch 3.0 的初体验，不仅了解了 Scratch 3.0 和它的项目编辑器，认识了 Scratch 3.0 的各种类型的积木，还动手编写、保存、导入了第一个小程序。这样就为我们学习编写本书后面介绍的各个趣味游戏打下了一个很好的基础。

你一定已经迫不及待了，让我们再次开始一场充满趣味的 Scratch 3.0 游戏编程探险之旅吧！

第 2 章
入门游戏编程

2.1 会跳舞的螃蟹

涨涨：五只螃蟹横着走，鸟儿飞来叼一口。四只螃蟹横着走……

爸爸：涨涨，你在干啥啊？

涨涨：我在教妹妹做"五只螃蟹横着走"的手指操啊！

爸爸：哦！你见过横着走的螃蟹，那你见过会跳舞的螃蟹吗？

涨涨：会跳舞的螃蟹？没见过！

爸爸：那我来教你编写一个小游戏——"会跳舞的螃蟹"吧！

游戏简介和基本玩法

这款游戏的界面如右图所示，运行的效果是一只螃蟹随着音乐不断地左右摆动身体，就像是在跳舞一样！

这款游戏非常简单，我们主要学习如何不断切换一个角色的不同造型，从而实现一种动画的效果。下面就让我们来编写这款简单的游戏吧！

游戏编写过程

第1步 添加背景和角色

在项目编辑器中，点击舞台背景列表区右下方的"选择一个背景"按钮，在打开的"选择一个背景"窗口中，从背景库中找到名为"Underwater1"的背景（注意，通过窗口右上方的"水下"分类标签，可以更方便地找到它），将其作为背景添加，如下图所示。

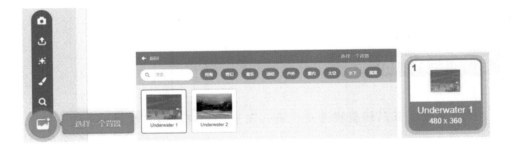

从项目编辑器右下方的角色列表区中，选择"选择一个角色"按钮，如右图所示。在弹出的"选择一个角色"对话框中，从角色库中找到"Crab"角色，将其添加到角色列表中。

 小贴士 电影中的人物角色出现的时候，往往会有不同的场景。在 Scratch 3.0 中，背景就像是电影中的场景。当角色在舞台上出现的时候，背景是衬托在最底层的图像式的场景。可以给舞台分配一个或多个背景，从而在游戏的运行过程中改变舞台的外观，营造不同的场景和气氛。除了对角色进行编程，我们也可以对舞台背景进行编程，让它执行游戏初始化、背景音乐播放、舞台清理等任务。

第2步 造型的处理

选中第2个螃蟹造型"crab-b"，在右边的绘画编辑器中的"造型"框中，将其名称修改为"正常的螃蟹1"，这个造型表示情绪正常的螃蟹。这个螃蟹造型现在在舞台上还显得有点小，我们需要调整一下其大小。在绘画编辑器的矢量图模式下（下方的按钮是"转换为位图"，表示当前是在矢量图模式），用选取工具选中螃蟹造型的全部，这时候在螃蟹造型的四周会出现一个蓝色的矩形，用鼠标拉动矩形的右下角，将螃蟹大小调整到在舞台背景上显示的合适大小。然后取消选中螃蟹全部，选中螃蟹的右边的两条腿，将其稍微向上移动一些距离，以便和其他螃蟹造型在形态上略加区分，如下图所示。

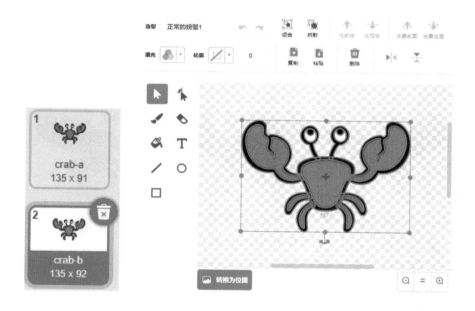

小贴士　造型就像是电影中的角色的装扮和形象。一个角色可以有多个造型，在不同的条件下，角色可以切换为不同的造型，由此表现角色的动作、动画、状态和情绪变化等。

角色库中的"Crab"角色一共有两个造型，这还不足以表现出螃蟹跳舞时的不同形态和情绪，我们需要根据这两个造型来制作更多的造型。

在上图左侧所示的造型列表中，选中造型 "crab-b"，点击鼠标右键，从弹出的菜单中选择 "复制"，会得到该造型的一个副本，在绘画编辑器的 "造型" 框中将其命名为 "正常的螃蟹2"，选中螃蟹的左边的两条腿，将其稍微向上移动一些，把右边的两条腿向下移动，恢复到原位置。这样一来，两个造型的螃蟹腿有细微的差异，当它们彼此切换的时候，会产生螃蟹的腿在爬动的效果。

继续复制 "crab-b" 造型，然后将得到的新的造型副本命名为 "欢呼的螃蟹"。在绘画编辑器中，在矢量图模式下，选中左边的 "圆" 工具，将 "填充" 设置为黑色，在绘图区绘制一个小的黑色填充的圆形。选中这个圆形，然后使用 "变形" 工具，通过多个锚点的细微调整，将其变形为一个向左下方裂开的嘴的形状，拖动并放置到螃蟹身体的下方。这样一来，"欢呼的螃蟹" 的造型就调整好了。

"正常的螃蟹1" "正常的螃蟹2" 和 "欢呼的螃蟹" 这3个造型如下图所示，注意其中的细微差别。

其他造型的绘制，同样可以利用绘画编辑器中的各种工具来完成，具体方法各有细小的差异，但主要是通过螃蟹的眼睛、腿和嘴巴的细微差异来表现螃蟹角色不同的情绪和状态。读者在创建和处理造型的时候，完全可以充分发挥自己的创意。这里就不再一一赘述了。这个游戏中用到的螃蟹造型一共有7个，其缩略图如右图所示。

第3步　添加音乐

　　舞蹈明星"螃蟹"已经准备好各种舞姿（造型）了，接下来，我们要给它选一支燃爆的舞曲！在项目编辑器左上方选中"声音"标签，然后点击左下方的"选择一个声音"按钮，在打开的"选择一个声音"窗口的上方标签选择"打击乐器"标签，然后从下方音乐库中选中"Human Beatbox1"音乐进行添加，如下图所示。

　　声音对于游戏来说非常重要。角色往往要在做出一个动作的时候发出声音，才显得比较生动，而角色完成一项任务的时候，如果能够发出一个声音，可以给玩家起到一个提示作用。在游戏进行的过程中，播放一个背景音乐，往往能很好地表达出游戏的某种气氛。在后面的游戏编程中，我们经常会用到各种各样的声音技巧。

第4步　编写代码

　　因为这个程序主要是使用造型切换来实现动画效果，所以造型的处理需要花费比较多的时间，代码的逻辑反而比较简单一些。

　　接下来，选中螃蟹角色，开始编写代码，其代码一共3段。

　　第1段代码，当点击绿色旗帜按钮的时候，先将螃蟹移动到舞台的中央，并将其旋转方式设为"不可旋转"。然后，开始重复执行一个循环，在这个循环中，每次让螃蟹在1和3之间随机移动一个步数，左转15度，并且如果碰到舞台边缘的话就反弹。这段代码使得螃蟹的舞步显得很轻盈，如下方左图所示。

第2段代码，当点击绿色旗帜按钮的时候，先将螃蟹的造型换成"正常的螃蟹1"，然后重复执行一个循环，在循环中，依次将螃蟹的造型切换为下一个造型，并且每个造型保持1秒的时间。这段代码让螃蟹展现出不同的舞姿，如下方右图所示。

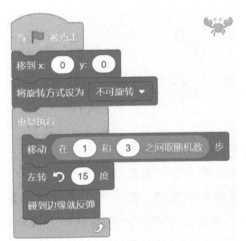

第3段代码，当点击绿色旗帜按钮的时候，重复执行一个循环以播放"Human Beatbox1"舞曲，如右图所示。

爸爸：好了，就这么简单，会跳舞的螃蟹就可以伴随着舞曲开始跳舞了！

涨涨：太棒了！我可以用这个游戏来教妹妹做手指操了！

2.2 弹球

爸爸：涨涨，还记得我们在《Scratch 3.0少儿游戏趣味编程》里介绍的"弹球"游戏吗？

涨涨：记得！我觉得那款游戏挺好玩的！

爸爸：今天我们来编写一款比那个游戏还要简单的入门版"弹球"游戏吧！你尝试一下自己编写，怎么样？

涨涨：没问题！

游戏简介和基本玩法

这款游戏的界面如下图所示。游戏的规则也很简单：用鼠标不断地左右移动底部的挡板，将黄色的球挡回去，不要让它碰到红色的底部。一旦弹球碰到了红色的底部，游戏就失败了。

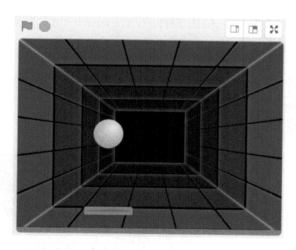

这是一款非常简单的游戏，可以看作是《Scratch 3.0少儿游戏趣味编程》一书4.2节介绍的弹球游戏的入门版。这款游戏用到了碰撞检测，这是游戏编程中经常用到的一种概念和方法，读者可以通过《Scratch 3.0少儿游戏趣味编程》一书的第2章，简单回顾和了解一下碰撞检测的概念

和用法。

游戏编写过程

第1步 添加和绘制背景

在项目编辑器中,点击舞台背景列表区右下方的"选择一个背景"按钮,

从打开的"选择一个背景"窗口中,找到名
为"Neno Tunnel"的背景(注意,这个背景
在"太空"分类中,通过窗口右上方的"太
空"分类标签,可以更方便地找到它),将
其作为背景添加,如右图所示。

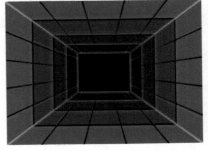

这个背景只是显示了一系列蓝色的不断
缩小的窗口,还缺少一个红色的底边。下面,我们通过绘画编辑器来给背景
添加一个红色的底边。

在矢量图模式下,从绘画编辑器左边选择"矩形"工具,注意将"轮廓"
和"填充"都设置为红色,拉出和背景同样长度的一个窄条状的矩形,将其
放置到背景的最下方,如下图所示。

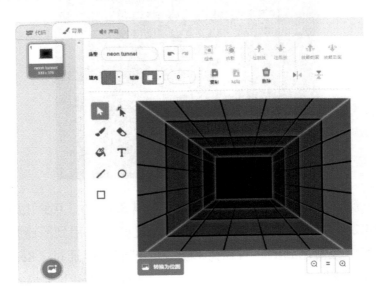

第2步 添加角色

这个游戏有两个角色，分别是球和挡板。从项目编辑器右下方的角色列表区中，选择"选择一个角色"按钮。从弹出的"选择一个角色"对话框中，依次选择名为"Ball"和"Paddle"的角色，将其添加到角色列表中。注意，"Ball"角色一共有5个造型，我们使用黄色的"ball-a2"造型就可以了，因为黄色的球在蓝色的背景下显得比较醒目，如右图所示。

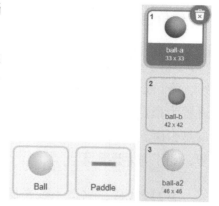

在这里，我们可以把球角色多余的造型删除掉。只需要先选中需要删除的造型（上图中是蓝色球造型），然后点击其右上角那个带有小叉的垃圾箱图标就可以了。用同样的方法也可以删除绿色球造型等。

第3步 添加声音

这款弹球游戏用到了两个声音。当挡板碰到了球的时候，会播放"water_drop"声音，表示一次成功击挡。当球碰到红色的底边的时候，会播放"Oops"声音，表示游戏失败的遗憾，并暗示游戏将结束。下面我们来添加这两个声音。

在项目编辑器左上方选择"声音"标签，点击左下方的"选择一个声音"按钮，从打开的"选择一个声音"窗口中，分别选择"water_drop"和"Oops"声音，如下图所示。

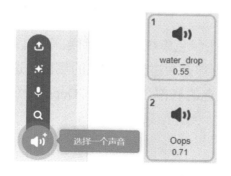

第4步 编写代码

1. 球角色

选中球角色，编写代码。球角色有3段代码。

第1段代码，当点击绿色旗帜按钮的时候，先将球移动到指定的位置并设置为指定的朝向。然后开始重复执行一个循环。在这个循环中，不断检测球是否碰到了舞台的边缘，只要球碰到舞台边缘就反弹，并且每次都移动15步，如下方左图所示。

第2段代码，当点击绿色旗帜按钮的时候，开始重复执行一个循环。在循环中，不断检测球是否碰到了挡板，如果球碰到了挡板，就播放"water_drop"声音，然后将球向右旋转160 ~ 200之间的一个随机的角度，并且移动15步，如下方右图所示。这个随机的度数，很好地模拟出了球碰撞后反弹的效果。

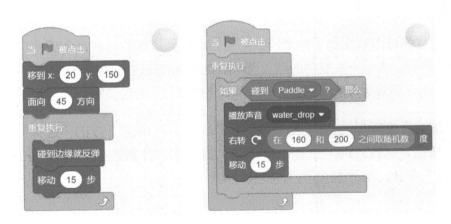

第3段代码，当点击绿色旗帜按钮的时候，开始重复执行一个循环。在这个循环中，不断检测球是否碰到了红色的底部（这里用的是颜色碰撞检测），如果球碰到了红色的底部，就播放"Oops"声音，并停止全部脚本，如下图所示。游戏失败，到此结束！

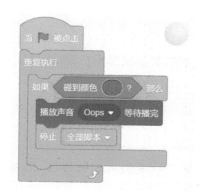

 小贴士　　　球角色的3段代码的循环中，执行的检测都是碰撞检测，只不过这3段代码中所检测的碰撞对象不同，而且发生碰撞后，所执行的操作也各不相同。

2. 挡板角色

选中挡板角色编写代码，挡板角色只有一段代码，非常简单，如下图所示。

当点击绿色旗帜按钮的时候，开始重复执行一个循环，在这个循环中，不断地将挡板的x坐标设置为和鼠标的x坐标相同。这段代码的效果就是，玩家可以使用鼠标来控制挡板水平移动，以挡住弹球。

🧒 涨涨：爸爸，我的入门版的"弹球"游戏编写完成了，玩了一下还不错，不过这个球移动得有点太快了，好像很难挡住。

👨 爸爸：你自己动脑筋思考一下，该怎么调整才能把弹球的速度降下来呢？

🧒 涨涨：还有啊，这款"弹球"游戏只有一个挡板，怎么才能把它改成有两个挡板的呢？这样会更加有趣一点！

👨 爸爸：哦，可以翻开《Scratch 3.0少儿游戏趣味编程》这本书的4.2

节，其中有详细的讲解。

涨涨：好吧，我去那里寻找答案！

2.3 月球躲猫猫

爸爸：涨涨，你和小朋友们玩过躲猫猫的游戏吗？

涨涨：当然玩过了！这种游戏太简单了，我总是能赢！

爸爸：那你一定没有尝试过和外星人在月球上躲猫猫吧！

涨涨：和外星人躲猫猫？一定很有意思！

爸爸：那我们现在就来学习编写一款"月球躲猫猫"的游戏吧！

游戏简介和基本玩法

这款游戏的规则很简单，就是外星人"Gobo"负责藏猫猫，玩家用鼠标点击随机出现的外星人来捉住它。每次点击到外星人都会得1分，当得分达到10分的时候，玩家获胜，游戏结束。

在这款游戏中，我们将学习如何让角色显示和隐藏，如何对舞台背景编写程序，以及如何创建和使用变量。

小贴士　变量就像是一个用来装东西的盒子，我们可以把要存储的东西放在这个盒子里面，再给这个盒子起一个名字。那么，当我们需要用到盒子里的东西的时候，只要说出这个盒子的名字，就可以找到其中的东西了。在 Scratch 3.0 中，有专门的一类变量积木，在其中，我们可以创建变量和列表，用变量来记录程序中的状态、确定程序执行的次数、判断程序执行的条件，用列表记录一组类型和特征相同的变量。

游戏编写过程

第1步　添加背景和角色。

在项目编辑器中，点击舞台背景列表区右下方的"选择一个背景"按钮，从打开的"选择一个背景"窗口中，选中右边的"太空"分类标签，找到名为"Moon"的背景并进行添加，如右图所示。

从项目编辑器右下方的角色列表区中，选择"选择一个角色"按钮，在弹出的窗口中，从右上方的分类标签中选择"奇幻"，然后从角色库中找到名为"Gobo"的角色进行添加。Gobo一共有3个造型，我们只需要使用其中的一个，正如我们在前面所介绍的那样，不用的造型可以删除掉。

第2步　添加声音

游戏的"Moon"背景有两个自带的声音，分别是"pop"和"Clapping"，我们可以把这里的不用的"pop"声音删掉，如右图所示。

此外，"Gobo"角色自带了一个"pop"声音，我们把这个声音用作玩家抓到（用鼠标点击到）外星人时发出的声音。我们还需要一个表示游戏结束的声音文件。

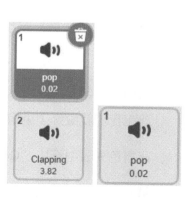

第3步 创建和设置变量

这款游戏还需要一个变量来记录得分，接下来，我们来创建和设置"得分"变量。

在项目编辑器左上方选中"代码"标签页，在左边的积木类型列表中点击"变量"类别，会看到"建立一个变量"按钮。点击该按钮会打开一个"新建变量"窗口，在"新变量名"框内输入"得分"作为变量名称，保持下方选中"适用于所有角色"，点击"确定"按钮，就创建了"得分"变量，如下图左图所示。

此时，在代码区的"变量"类别中，可以看到我们刚刚创建的"得分"变量，以及属于该变量的另外4个积木。在"得分"这个积木前面，有一个复选框，注意要保持这个复选框为选中状态，这样，我们就可以在舞台上看到这个变量的监测器，如下图右图所示。

第4步 编写代码

1. "Gobo"角色

现在我们就做好了编写这个游戏的所有准备工作，可以开始编写代码了。

在角色列表中选中"Gobo"角色，开始编写代码，它一共有两段代码。

第1段代码，当点击绿色旗帜按钮的时候，将"得分"变量的初始值设置为0，并且将角色移动到舞台的中央并显示，让它说"用鼠标来抓我得分吧！"2秒，这就向玩家提示了游戏的玩法。然后开始重复执行一个循环。在这个循环中，首先将角色隐藏1秒，然后将角色随机移动到舞台上的一个位置（角色的 x 坐标取 $-200 \sim 200$ 之间的一个随机数，y 坐标取 $-140 \sim 140$ 之间的一个随机数），并且显示角色0.7秒。这段代码的效果就是，"Gobo"先躲藏起来，然后又出现在舞台上的随机位置，等待玩家去抓它，如下图所示。

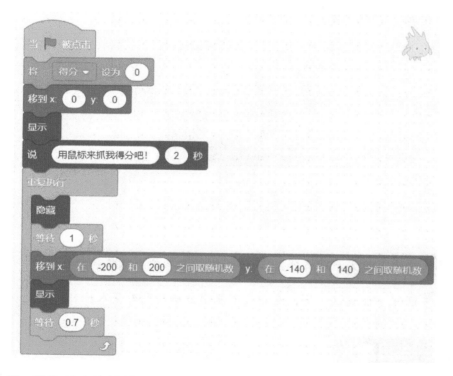

第2段代码比较简单，当鼠标点击到角色的时候，将"得分"变量的值增加1，并且播放"pop"声音，表示外星人被抓到一次，如下图所示。

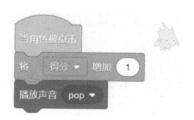

2. 背景

在项目编辑器右下方舞台背景列表区中，选中背景，开始编写代码。背景的代码也比较简单，只有一段代码。

当点击绿色旗帜按钮的时候，开始重复执行一个循环。在这个循环中，首先通过条件判断"得分"的值是否大于"9"（也就是"得分"是否达到 10 分），如果是的，就播放"Clapping"声音，表示对玩家的祝贺，然后停止全部脚本，游戏到此结束，如下图所示。

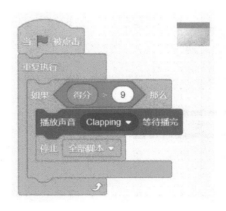

爸爸：好了，就这样，"月球躲猫猫"这个游戏就编写完成了！

涨涨：让我试一下，看看能不能用鼠标抓到外星人！

2.4 生日贺卡

爸爸：涨涨，你怎么愁眉苦脸的？

涨涨：我的好朋友有有就要过生日了。我苦思冥想，也不知道送她什么礼物好！

爸爸：好朋友过生日，生日贺卡总是少不了呀！

涨涨：对啊！我们现在就去买贺卡吧！

爸爸：别着急啊，我们来用Scratch 3.0编写一个带有音乐和动画的"生日贺卡"游戏。

涨涨：这个主意不错，现在就动手吧!

游戏简介和基本玩法

这款游戏的界面如下图所示。当玩家点击"打开你的生日贺卡吧!"提示箭头，贺卡就会打开：生日快乐歌响起，生日蛋糕上的蜡烛也会点亮，并且贺卡上会出现"Happy Birthday！"的祝福!

游戏编写过程

第1步 添加背景

这款游戏需要用到的背景、角色和音乐需要从本书的配套素材中上传。从项目编辑器的右下方选择"选择一个背景"按钮，从弹出的菜单选择最上方的"上传背景"，然后找到你的素材所在的文件夹，选中背景文件并上传。一共有3个背景，分别表示贺卡的初始状态（"backdrop1"）、翻开状态（"backdrop2"）和打开后的状态（"backdrop3"），如右图所示。

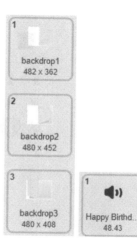

过生日当然也少不了生日快乐歌，需要给这个背景添加"Happy Birthday"音乐文件，同样需要从配套素材中导入。

第2步 添加角色

从项目编辑器右下方选择"添加角色"按钮，从弹出的菜单中选择最上方的"上传角色"，然后找到素材所在的文件夹，依次上传"Rabbit""Cake""Happy""Birthday""Arrow"等角色。添加完的角色列表如下图所示。

"Cake"角色有两个造型，这两个造型中的蜡烛的位置有细微的差异，如右图所示，这样在程序中可以通过切换造型生动地表现出蛋糕中的蜡烛在微风中燃烧的样子。

"Happy""Birthday""Arrow"这几个角色相对简单，也可以在绘画编辑器中自行绘制。"Happy"和"Birthday"角色，使用下图所示的文本工具就可以制作，注意先设置好"填充"的颜色和字体。你还可以发挥自己的创意，例如，加上过生日的好朋友的名字等。

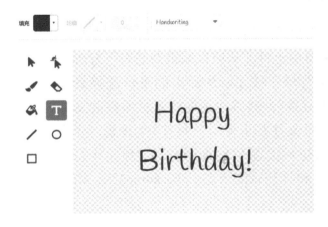

"Arrow"角色是一行提示文本和一个箭头形状的组合，如下图所示。需要注意的是，这个角色有两个造型，当鼠标移动到其上的时候，它会通过造型变化来表示不同的状态。两个造型之间的区别，主要是提示文字和箭头有一个不同的角度。可以在制作完第一个造型后，选中文字或者箭头，通过其矩形框下方的小的弧形调节柄来控制旋转的角度，生成第二个造型。

第3步 编写代码

1. "Rabbit"角色

在添加完背景和角色之后，我们就可以来编写代码了。由于角色比较多，我们需要依次给各个角色编写代码。

选中"Rabbit"角色，编写代码，它的代码一共有两段，逻辑非常简单。当背景为"backdrop1"的时候，贺卡处于初始的未打开状态，角色会显示出来；当背景换为"backdrop2"的时候，贺卡处在正在翻开的状态，将角色隐藏起来，代码如下图所示。

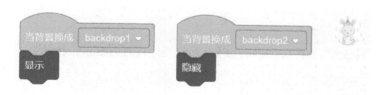

2. "Cake"角色

选中"Cake"角色，编写代码，一共有两段代码。

第1段代码，当背景为"backdrop1"的时候，贺卡处于初始的未打开状态，蛋糕角色不需要显示，所以将其隐藏起来。

第2段代码，当背景为"backdrop3"的时候，蛋糕移动到贺卡下方舞台之外的位置并显示出来，在1秒内滑行到贺卡下方适当的位置。然后开始重复执行一个循环，在这个循环中，不断切换蛋糕的两个造型，每个造型保持0.5秒，从而产生蛋糕上的蜡烛燃烧的样子，代码如下图所示。

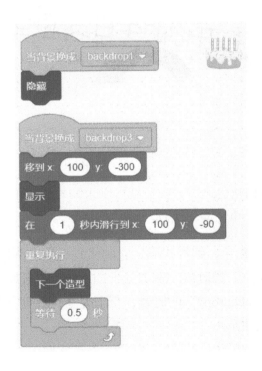

3. "Happy"角色

选中"Happy"角色，编写代码，一共有下图所示的两段代码。第1段代码，当背景为"backdrop1"的时候，贺卡处于初始的未打开状态，继续隐藏该角色。第2段代码，当背景为"backdrop3"的时候，贺卡处于完全打开状态，将"Happy"角色移动到贺卡正上方舞台之外的位置，并且显示角色，然后在1秒内滑行到贺卡上方适当的位置。

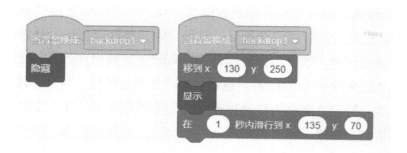

4. "Birthday" 角色

选中"Birthday"角色，编写代码，一共有下图所示的两段代码。"Birthday"角色的第1段代码和"Happy"角色的第2段代码相同，即当背景为"backdrop1"的时候（贺卡处于初始的未打开状态），隐藏该角色。第2段代码，当背景为"backdrop3"的时候，贺卡处于完全打开状态，将"Birthday"角色移动到贺卡正上方舞台之外的位置，并在1秒内滑行到贺卡上适当的位置，它刚好处在"Happy"角色最终位置的正下方。

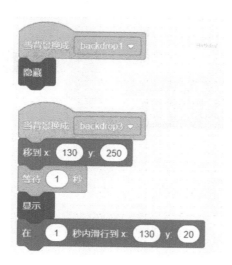

5. "Arrow" 角色

选中"Arrow"角色，编写代码。"Arrow"角色负责控制背景的切换，从而驱动程序的运行，因此其代码逻辑稍微复杂一些。一共有下图所示的两段代码。

第1段代码，当点击绿色旗帜按钮的时候，将背景切换为"backdrop1"，显示角色。然后开始执行一个循环，在循环中，检测鼠标指针是否移动到角色之上，如果是的，就将角色的颜色（"color"）特效增加25%，切换为下一个造型，并且保持该造型0.2秒。这段代码产生的效果是，当鼠标移动到角色之上的时候，提示文字和箭头通过改变造型不断地晃动，还会变换颜色。这一方面产生动态效果，同时提示玩家，如果点击该角色的话，将会有些不同的事情发生。

第2段代码，当点击该角色时（也就是玩家用鼠标左键单击该角色），将背景切换为"backdrop2"，等待两秒，再将背景切换为"backdrop3"，并且隐藏"Arrow"角色。这段代码的效果就是，单击箭头的时候，贺卡会缓缓打开，提示文字和箭头则隐藏起来。

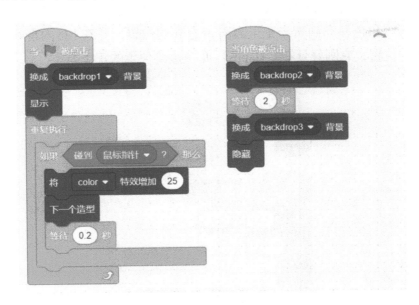

6. 背景

最后，我们还需要在贺卡打开的同时响起生日快乐歌。从项目编辑器右下方选中背景，开始编写代码，代码如下图所示。背景的代码逻辑非常简单，它就干一件事情，就是在适当的时候（背景切换为"backdrop3"，即贺卡完全打开的时候）播放音乐。

爸爸：好了，这张漂亮的生日贺卡就制作完成了。有有过生日的时候，你别忘了把这张贺卡和你的祝福一起送给她啊！

涨涨：太棒了，她一定会很喜欢。

Chapter 3

第 3 章
初级游戏编程

3.1 养花

涨涨：爸爸，最近老师让我们读了老舍先生的文章《养花》，我觉得养花很好玩儿，咱们能养一些花吗？

爸爸：嗯，就像老舍先生所说的，养花是一种生活的乐趣。可是养花也不是一件轻松容易的事情。我们先用 Scratch 3.0 编写一个"养花"的小游戏，体验一下养花的乐趣，怎么样？

涨涨：好吧！

游戏简介和基本玩法

这款游戏需要玩家用鼠标移动并点击喷壶，不断地给花的种子浇水，让它在阳光下生根、发芽、开花，最后当玩家养的花达到一定数量，就会惊喜地看到鲜花满园的场景。

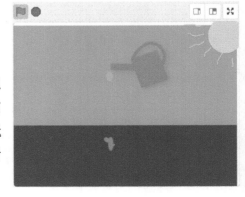

游戏编写过程

第1步 添加背景和音乐

这款游戏一共有两个背景，如下图所示，分别是"阳光土壤"和"Flowers"。从本书配套素材文件中导入"阳光土壤"背景文件，从 Scratch 3.0 自带的背景库中导入"Flowers"背景文件（注意这个背景文件在背景库的"户外"分类中）。

游戏有两个声音文件，如右图所示，其中一个是"背景音乐"，这是一个mp3文件，需要从配套素材文件中导入。另一个是"Magic Spell"文件，可以从声音库中导入，用来在花开满园的时刻播放。

第2步 添加角色

这款游戏一共有3个角色，分别是"种子""喷壶""水滴"，如下图所示，都直接从配套素材文件中直接导入就好了。

"种子"是游戏的主角，它一共有75个造型，这些造型不断地切换，完整地表现了花儿从种子开始、生根、发芽、开花、凋落的过程。我们选取其中的一些造型，让这个过程更加清晰，造型左上角的数字就是其造型编号，如下图所示。

注意，这个"种子"造型带有两个声音文件，分别是"Zoop"和"Glug"（这两个文件在声音库中就有，读者也可以自行添加），用来在游戏中表示某种音效，我们在后面介绍程序代码的时候会讲到。

"喷壶"是用来给种子浇水的，它有两个造型，分别表示喷壶的水平和

倾斜状态，如下图所示，通过这两个造型的切换，制造出喷壶浇水的动态
效果。

第3步 创建变量

这个游戏要用到一个名为"开花数量"的变量，当这个变量达到一定的
数值的时候，就可以迎来鲜花满园的惊喜了。

我们需要在"变量"类型积木中创建它。注意，"开花数量"变量前面的
复选框是未选中的，如下图所示，它默认是一个隐藏变量，也就是说，不会
显示在舞台上。

第4步 编写角色代码

1. "种子"角色

我们先选中"种子"角色编写代码，它一共有3段代码，如下图所示。

第1段代码，当点击绿色旗帜按钮的时候，将角色造型切换为1号
（"costume1"）造型，为后面的程序运行做好准备。

第2段代码的逻辑较为复杂，也是这个游戏程序的主体。当点击绿色旗
帜按钮的时候，先将变量"开花数量"设置为0，显示角色。接下来，重复

执行一个循环，在这个循环中，又包含有两个条件积木块。第一个条件积木块先检测是否碰到了"水滴"角色，如果是，播放"Glug"声音，表现水浇到"种子"（或花儿）上的效果，并且将"种子"角色切换为下一个造型。

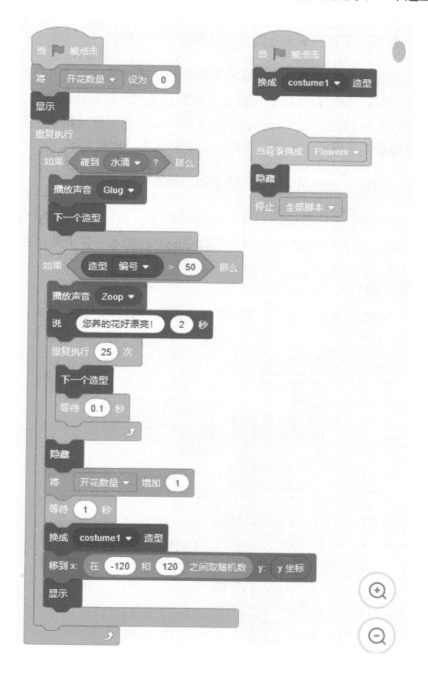

第二个条件积木块先检测造型编号是否大于 50（第 50 号造型正好是花儿盛开的姿态），如果是，就播放"Zoop"声音，表示花儿盛开的效果，并且说"您养的花好漂亮！"，给玩家以鼓励！接下来，是包含在这个条件积木块中的执行 25 次的一个循环，循环中将角色切换为下一个造型，每个造型保持 0.1 秒。这就模拟了花儿从盛开到自然凋谢的一个过程。

执行完这个循环语句块后，就将角色隐藏起来，将变量"开花数量"的值增加 1。等待 1 秒后，将角色切换为编号为 1 的造型（"costume1"），移动到土壤中的一个随机的位置（x 坐标值在 -120 ～ 120 之间取随机数）并显示角色。这就好像在土壤中的另外一个地方，又种下了一颗花种子。

到此，"种子"角色的第 2 段代码就执行结束了。

第 3 段代码也比较简单，它负责程序的终止。当背景切换为"Flowers"的时候，隐藏"种子"角色，并且停止程序的所有脚本，整个游戏到此结束。

2. "喷壶"角色

选中"喷壶"角色，编写代码，一共有两段代码，如下图所示。

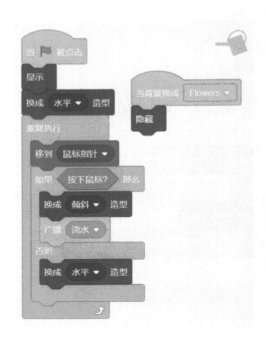

第1段代码，当点击绿色旗帜按钮的时候，显示"喷壶"角色并将其切换为"水平"造型。接下来重复执行一个循环，先将角色移动到鼠标指针所在的位置，并且检测是否按下了鼠标，如果按下了鼠标，就将喷壶切换为"倾斜"造型并广播"浇水"消息（"水滴"角色会监听这条消息），否则继续保持水平造型。这段代码的效果就是，喷壶会跟随玩家的鼠标移动，如果按下鼠标左键的话，"喷壶"就会切换为"倾斜"造型，表示要开始浇水了。

第2段代码很简单，当背景切换为"Flowers"的时候，隐藏"喷壶"角色。

 小贴士

消息就好像是临时发布的一条通知，告知大家需要在某一时间做某件事情。事件就像是大家按照通知的要求要去做的事情，也就是根据消息要采取的行动或措施。例如，在上面的代码中，"水壶"角色广播了"浇水"消息，当"水滴"角色接收到"浇水"消息的时候，就会执行一系列的操作。

在Scratch 3.0中，消息和事件是在代码中通知角色、背景在某一时刻执行某项任务的一种机制。与消息相关的"事件"类型积木如下图所示。

---

3. "水滴"角色

选中"水滴"角色，编写代码，一共有两段代码，如下图所示。

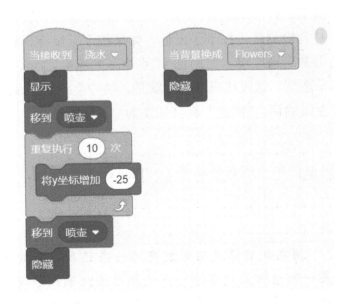

第1段代码，当接收到"浇水"消息的时候，显示角色，并且将"水滴"移动到"喷壶"的位置（水滴要从喷壶中落下）。然后重复执行一个循环10次，每次将"水滴"的 y 坐标增加-25。这个循环产生的效果就是，水滴沿着舞台垂直逐渐下落，直至从舞台上消失。循环执行完毕后，将角色移动到"喷壶"的位置，并且隐藏起来，等待下一次浇水。

第2段代码，当背景切换为"Flowers"的时候，隐藏"水滴"角色。

第5步 编写背景代码

从项目编辑器右下方选中"背景"，开始编写代码，只有一段代码，如下图所示。当点击绿色旗帜按钮的时候，播放"背景音乐"，并且切换为"阳光土壤"背景。接下来，重复执行一个循环，在这个循环中，先检测"开花数量"的值是否大于4（也就是累计开过5朵花），如果是，就停止所有声音，并且播放"Magic Spell"声音，切换到下一个背景，从而制造出花开满园的声音和视觉效果。

注意，这里切换的下一个背景就是 "Flowers"，而当切换为该背景的时候，其他角色的代码也会执行相应的操作，隐藏角色或者停止全部脚本，游戏程序就到此结束了！

爸爸：好了，"养花"小游戏就编写好了！来体验一下养花的乐趣吧！

涨涨：不错啊！我浇了一会儿水，就能够欣赏到鲜花满园的美丽景色了。

爸爸：是的，可是养花的过程中，你还需要有点耐心哟！

3.2　小熊和白马赛跑

涨涨：爸爸，给我讲个故事吧！

爸爸：好吧！讲一个小熊和白马的故事。从前，有一只调皮的小熊，也不知道它名字叫熊大呢还是熊二。它总是想和白马赛跑，你说这只小熊是不是傻乎乎的呢？

涨涨：我倒不这么看，这只小熊很有勇气啊！大家都是四条腿，谁怕谁呢？

爸爸：那我们就满足这只小熊的愿望，来编写一个"小熊和白马赛跑"的小游戏吧！

游戏简介和基本玩法

这个游戏的画面是这样的，小熊和白马在欢快地赛跑，它们身后的背景随着它们的奔跑而不断地向后移动。玩家只需要点击绿色旗帜按钮，就可以静静欣赏游戏的动态，而不用做任何交互。

游戏编写过程

第1步 添加角色

点击角色列表区右下角的按钮，导入游戏所用到的6个角色，分别是"开始界面""开始按钮""风景1""风景2""Bear-walking"和"Unicorn Running",如下图所示。

其中,"Bear-walking"和"Unicorn Running"在Scratch 3.0的角色库中就有,其他的角色则需要从配套素材文件中导入。需要注意的是,我们从角色库导入"Bear-walking"角色后,小熊的方向一开始是朝向右边的。我们选中该角色的造型,在绘图编辑器中,点击"水平翻转"按钮,就可以将造型改为朝向左边了。对该角色所有造型依次进行"水平翻转"操作即可,如下图所示。

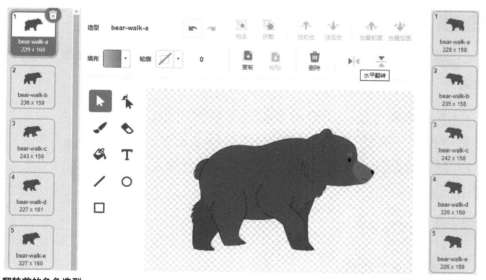

翻转前的角色造型　　　　　　　　　　　　　　　　　　　　　　　翻转后的角色造型

对于"Unicorn Running"角色的各个造型，也可以使用同样的方法来调整其朝向。

"Bear-walking"角色一共有8个造型，"Unicorn Running"角色一共有6个造型，这样我们通过造型切换，可以生动地表现出小熊和白马奔跑的姿态。

第2步 添加背景音乐

我们需要给小熊和白马添加一个轻松愉快的背景音乐。

选中背景，在项目编辑器上方选中"声音"标签页，点击下方的"选择一个声音"按钮，从声音库中的"可循环"分类中，选中"Xylo3"声音。

小贴士　　Scratch 3.0自带的音乐库分类中的"可循环"分类的声音都可以循环播放，很适合作为游戏的背景音乐。

第3步 创建变量

这款游戏需要用到一个叫作"滚动距离"的变量。我们先来创建这个变量。

"滚动距离"是一个隐藏变量，如右图所示，它负责控制"风景1""风景2"角色的移动速度。在后面编写背景代码的步骤中，我们会详细介绍其用法。

第4步 编写角色代码

1. "开始界面"角色

选中"开始界面"角色，编写代码，一共有两段代码，非常简单，如下图所示。第1段代码，当点击绿色旗帜按钮的时候，将角色移动到舞台中央，并且显示角色。第2段代码，当接收到"动起来"消息的时候，隐藏角色。

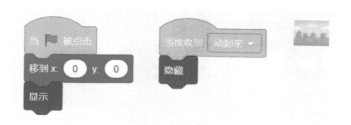

2. "开始按钮"角色

选中"开始按钮"角色，编写代码，一共有两段代码，也很简单，如下图所示。第1段代码，当点击绿色旗帜按钮的时候，将角色移到最前面并显示出来。这是为了保证开始按钮不会被其他图层遮挡。第2段代码，当角色被点击时，广播"动起来"消息，同时隐藏开始按钮。其他角色接收到这条消息，就会采取相应的动作，让程序完全运行起来。

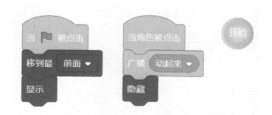

3. "风景1"角色

选中"风景1"角色，编写代码，一共有两段代码，如下图所示。第1段代码，当点击绿色旗帜按钮的时候，先将角色的x坐标设置为0，然后将其隐藏起来。第2段代码，当接收到"动起来"消息的时候，显示角色，并且开始重复执行一个循环。在这个循环中，角色的x坐标按照"−481+滚动距离"变换。我们知道，−481在舞台左侧之外很远的地方，而在后面的背景代码中我们会看到"滚动距离"是一个从0到481不断增加的值。这段代码的效果就是将"风景1"从舞台左边的最远端逐渐向右移动，最终移动到舞台的中央。

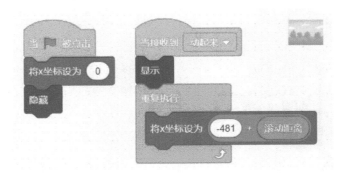

4. "风景2"角色

选中"风景2"角色，编写代码，一共有两段代码。第1段代码，当点击绿色旗帜按钮的时候，先将角色的 x 坐标设置为0，然后将其隐藏起来。第2段代码，当接收到"动起来"消息的时候，显示角色，并且开始重复执行一个循环。在这个循环中，角色的 x 坐标按照"滚动距离-1"（"滚动距离+（-1）"）进行变换。前面提到了，"滚动距离"是一个从0到481不断增加的值。这段代码的效果就是将"风景2"从舞台中央逐渐向右边移动，直到其完全移动到舞台右侧之外。

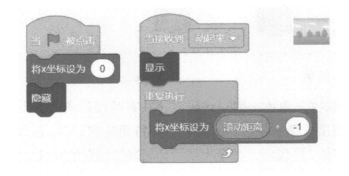

5. "Bear-walking"角色

选中"Bear-walking"角色，编写代码。一共有两段代码，如下图所示。第1段代码，当点击绿色旗帜的时候，先隐藏角色，将其移动到合适的位置，然后将其变换为编号为1的造型（"bear-walk-a"）。第2段代码，当接收到"动起来"消息的时候，将角色移动到舞台最前面并且显示，然后重复执行一个循环，每次都切换为下一个造型并且保持0.1秒，这就制造出了小熊连续奔跑的效果。

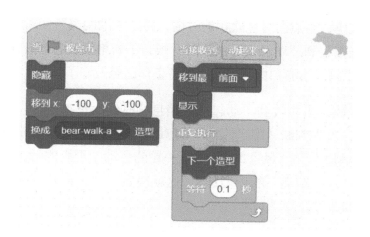

6. "Unicorn Running" 角色

选中"Unicorn Running"角色，编写代码，一共有两段代码，如下图所示。白马的代码和小熊的代码非常相似，这里就不重复介绍了。

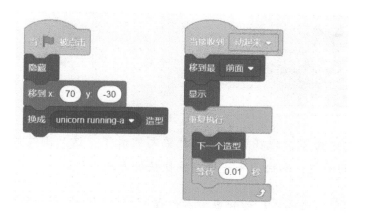

到这里，我们就编写完了所有角色代码，但这个程序还无法运行，我们还需要编写背景代码。

第5步 编写背景代码

选中舞台区域的空白背景，编写代码，一共有3段代码，如下图所示。别看这个游戏的背景是空白的，它的代码却很重要，负责程序的启动和运行，是真正的幕后控制者。

第1段代码，当点击绿色旗帜的时候，将"滚动距离"变量设置为0。第2段代码，当接收到"动起来"消息的时候，不断地播放背景音乐"Xylo3"。通过这两段代码，小熊和白马赛跑的准备工作已经做好了！

第3段代码，当接收到"动起来"消息的时候，重复执行一个循环。在这个循环中，首先判断"滚动距离"的值是否大于481，如果是，将其设置为0，让"风景1"和"风景2"开始新一轮的移动；否则的话，每次执行循环时，都将"滚动距离"的值增加3，这就决定了"风景1"和"风景2"从左向右移动的速度。

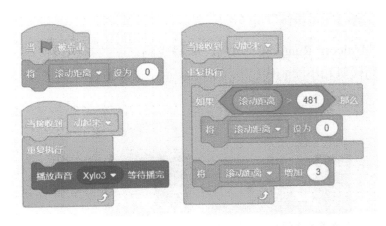

爸爸：好了，现在这款游戏就编写完成了。这只淘气的小熊终于可以实现自己的梦想，和白马来一场痛痛快快的赛跑了！

涨涨：小熊加油！熊就要有个熊样。

爸爸：嗯，要有梦想，万一实现了呢。

3.3 接苹果

爸爸：涨涨，你知道吗？英国有个叫牛顿的大科学家，有一天他坐在苹果树下，被掉下来的苹果砸到脑袋！

涨涨：然后呢？

爸爸：他恍然大悟，发现了万有引力定律，原来任何物体之间都有相互的吸引力。很神奇吧？

涨涨：爸爸，牛顿为什么要坐在苹果树下呢？他为什么不把掉下来的苹果接住吃了呢？

爸爸：呃……

涨涨：万有引力是什么啊？接住树上掉下来的苹果并吃掉苹果对我更有吸引力。

爸爸：好吧！看来大多数人不会思考和发现万有引力，只是会去想接住苹果。那就让我们来编写一个"接苹果"的游戏吧！

游戏简介和基本玩法

这款游戏的界面如下图所示。

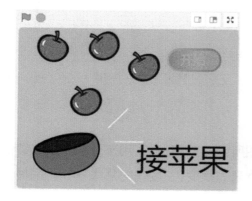 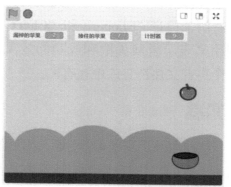

玩法很简单。当玩家点击"开始"按钮之后，苹果就会不断地从空中落下，玩家需要用鼠标移动舞台下方的碗来接住苹果。如果"漏掉的苹果"达到一定的数目，游戏就会失败。如果"计时器"达到了指定的时间，并且"漏掉的苹果"没有超过一定的数目，玩家就获胜了。

游戏编写过程

第1步 添加背景、角色和声音

从背景库添加这款游戏用到的背景"Blue Sky"，如右图所示。

这款游戏用到的角色共有5个，如下图所示。其中"开始界面""开始按钮""结束界面"角色，需要点击右下方的"选择一个角色"按钮，从本书配套素材文件中上传。"苹果"和"碗"角色，可以从Scratch 3.0的素材库中分别添加"Apple""Bowl"，然后将其重命名即可。

注意，"开始按钮"角色带有一个声音"Odesong"，用作游戏的背景音乐，这个声音也可以直接从Scratch 3.0自带的声音库中添加。我们还要给"苹果"角色添加两个声音"Boing"和"Bite"，分别表示成功接到苹果和苹果落地的效果，这两个声音直接从声音库中选择添加即可。此外，"失败"角色还带有两个声音"Chomp"和"Cheer"，分别用来表示游戏失败和成功的效果，这两个声音文件声音库中也有。

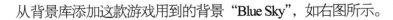

第2步 创建变量

这款游戏用到了4个变量，如下图所示。"计时器"用来计算游戏持续的时间，"间隔时间"用于控制苹果掉下来的频度，"接住的苹果"和"漏掉的

苹果"分别用于统计相应的苹果数目。"间隔时间"是隐藏
变量，其他的3个变量是显示变量，会出现在舞台上。

变量
建立一个变量

☑ 计时器
☐ 间隔时间
☑ 接住的苹果
☑ 漏掉的苹果

第3步 编写代码

1. "开始界面"

选中"开始界面"角色，编写代码，一共有两段代码，
非常简单，如下图所示。第1段代码，当点击绿色旗帜按钮的时候，显示角
色，以便向玩家展示苹果和碗的形象，并且显示出游戏的名称。第2段代码，
当接收到"开始"消息的时候，隐藏角色。

2. "开始按钮"角色

选中"开始按钮"角色，编写代码，一共有4段代码，如下图所示。

第1段代码主要负责初始化工作。当点击绿色按钮的时候，先将角色移
到最前面并显示，以便提示用户点击"开始"按钮后开始游戏。然后，将
"接住的苹果""漏掉的苹果""计时器"这3个变量清零并且隐藏它们。

第2段代码，当用户点击"开始"按钮后，广播"开始"消息，隐藏角
色，并且显示刚刚设置的3个变量。

第3段代码负责给游戏计时，当接收到"开始"消息后，重复执行一个
循环，每过1秒将计时器加1。这样一来，"计时器"变量显示的就是游戏持
续的秒数。

第4段代码负责播放背景音乐，当接收到"开始"消息后，执行一个循
环，持续不断地播放"Odesong"声音。

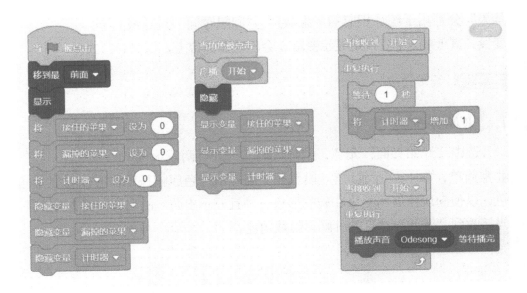

3. "苹果"角色

选中"苹果"角色，开始编写代码。"苹果"是游戏的主角，它的代码稍微复杂一些，一共有4段代码，如下图所示。

第1段代码，当点击绿色旗帜按钮的时候，先将"间隔时间"变量设置为1秒，然后将角色放置到舞台上方并将其隐藏起来，为苹果落下做好准备。

第2段代码负责克隆苹果，当接收到"开始"消息时，重复执行一个循环，每等待"间隔时间"那么多秒，就克隆苹果一次。"间隔时间"决定了苹果下落的频度，也决定了游戏的难度。

第3段代码负责设置间隔时间，以动态调整游戏难度。当接收到"开始"消息时，重复执行一个循环，在这个循环中，先等待5秒，然后测试"间隔时间"变量的值是否大于0.3秒，如果是的，将"间隔时间"变量的值减少0.1秒；否则，如果"间隔时间"变量的值小于0.3秒，就停止这段脚本，以避免游戏难度变得太大且苹果落下得太快。

第4段代码负责"苹果"下落的动作。当作为克隆体启动时，将其x坐标设为-180 ～ 180之间的一个随机取值并显示克隆体，使得苹果从随机的位置垂直落下。接下来，开始重复执行一个循环，先将克隆体的y坐标减少7，让苹果开始落下；然后开始检测克隆体是否碰到了碗，如果碰到了就播放"Boing"音效，并且将"接住的苹果"的值增加1，然后克隆体的任务就完成了，删除它。如果没有碰到碗，继续进行另一个条件检测，看克隆体的y坐标是否小于-160，也就是看苹果是否落到了舞台之外。如果是的，播放"Bite"声音，表现出苹果落地的效果（可不是砸到了牛顿的脑袋上哦），将"漏掉的苹果"的值增加1，同样，此克隆体的任务到此完成，删除它。

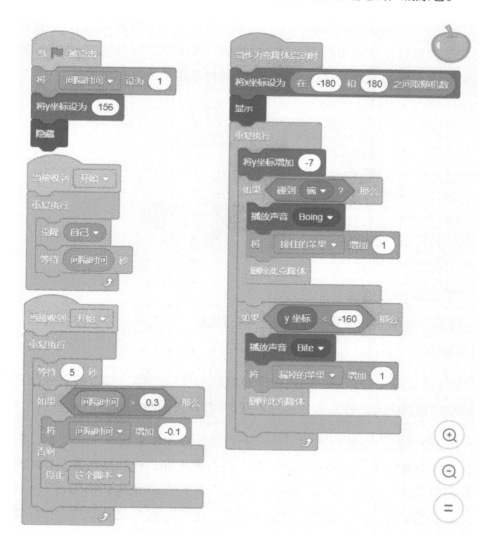

小
贴
士

克隆的英文是Clone，意思是复制完全一样的东西。在游戏编程中，我们经常需要相同角色的多个副本，这些副本都表现出相同的行为方式，而这可以通过克隆来完成，从而大大地简化程序开发的过程。Scratch 3.0在"控制"类积木中，提供了使用克隆技术的积木块。

4. "碗"角色

选中"碗"角色，编写代码，一共有两段代码，较为简单，如下图所示。第1段代码，当点击绿色旗帜按钮的时候，隐藏角色。第2段代码，当接收到"开始"消息时，显示角色，然后重复执行一个循环，将角色的x坐标设置为鼠标的x坐标，效果就是让玩家能够拖动鼠标来控制碗左右移动。

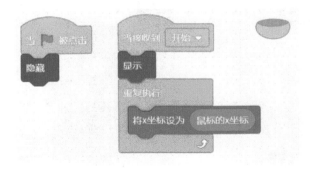

5. "结束界面"角色

最后，选中"结束界面"角色，编写代码。该角色一共有两段代码，如下图所示。

第1段代码比较简单，当点击绿色旗帜按钮的时候，将"结束界面"角色移动到舞台中央，将其大小设置为100%并且先隐藏起来。

第2段代码，当接收到"开始"消息时，开始重复执行一个大循环积木块。在这个循环中，先检测"计时器"是否大于30，也就是玩家坚持的时间是否超过30秒，如果是的，播放"Cheer"声音，将角色切换为造型1并显示。这里的造型1显示祝贺玩家坚持到了一定的时间并获胜。然后重复执行一个循环10次，每次将角色的大小增加10%，保持0.1秒。这样，就会以逐渐放大的效果来显示"胜利！"消息。最后停止所有脚本，游戏结束。

如果玩家坚持的时间没有达到30秒，继续检测"漏掉的苹果"是否大于5，如果是的，播放"Chomp"声音，换成带有"失败！"消息的造型2并且显示它，显示的方式和前面相同，也是逐渐放大并显示。最后停止所有脚本，游戏结束。

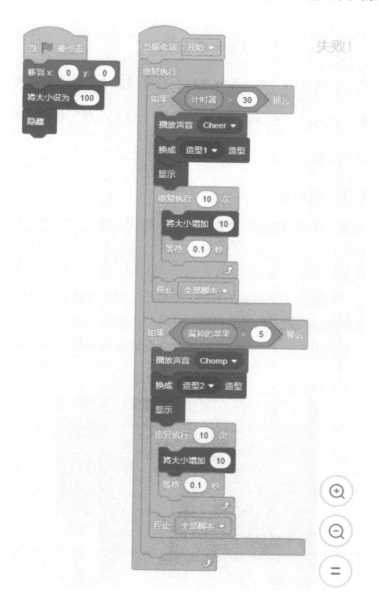

爸爸：好了，接苹果的游戏到这里就编写完成了！来尝试一下，看看你能接到多少个苹果吧！

涨涨：爸爸，我保证把苹果都吃掉……呃……把苹果都接住！

3.4 指尖陀螺

爸爸：涨涨，你会玩指尖陀螺吗？

涨涨：这还用问，男孩子都会玩。我是咱们小区的指尖陀螺冠军呢！

爸爸：我们来用 Scratch 3.0 编写一个"指尖陀螺"的游戏吧！

涨涨：太好了！

游戏简介和基本玩法

我们先来看一下游戏的运行界面和玩法。当玩家按下"向左"方向键或"向右"方向键的时候，指尖陀螺开始在食指上向左或向右旋转，持续按下方向键的时间越久，陀螺旋转的速度越快。陀螺旋转的同时，会有炫酷的视觉效果和动感的背景音乐。当玩家按下空格键的时候，陀螺会变换一个样式。当玩家按下"向上"方向键的时候，陀螺的叶片会相应地缩小。当玩家按下"向下"方向键的时候，陀螺的叶片会变大。怎么样，小小的指尖陀螺还是暗藏了不少玄机吧！

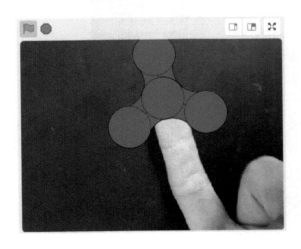

游戏编写过程

第1步 添加背景、角色和声音

这个游戏的背景需要从配套素材文件中导入，就是一张伸出食指玩指尖陀螺的图片。

游戏用到的角色只有一个，就是"陀螺"角色，也需要从配套素材文件中导入。这里要注意两点，第一是"陀螺"角色一共有7个造型；第二是其造型只是陀螺3个叶片中的一个，另外的两个叶片需要在游戏代码中通过克隆来产生。此外，"陀螺"角色还有一个"Odesong"声音，当转动陀螺的时候，播放这个声音以增添气氛，如下图所示。

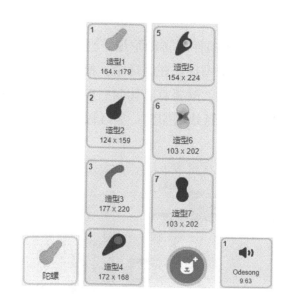

第2步 创建变量

"指尖陀螺"游戏需要用到两个变量——"速度"和"旋转"。"速度"的含义是陀螺旋转的快慢，但在程序中，这个变量实际上是转动角度的大小，也就是说"陀螺"旋转的角度大小决定了玩家从视觉上感受到其转动速度的变化。"旋转"变量表示陀螺的状态，只有两个值，分别是"开始"和"停止"。

第3步 编写代码

因为这个游戏只有"陀螺"一个角色，所以我们只要选中它编写代码就好了。一共有8段代码。

第1段代码负责初始化变量。当点击绿色旗帜按钮的时候，将"旋转"变量设置为"停止"，将"速度"变量设置为0。

第2段代码负责生成陀螺的叶片。当点击绿色旗帜按钮的时候，先将角色隐藏起来，将大小设置为80%，然后面向90度的方向，将其中心移动到指尖上的位置。接下来，重复执行一个循环3次，在这个循环中，每次都右转120度并克隆自己。

第3段代码负责在满足条件时转动陀螺。当作为克隆体启动时，先显示克隆体，然后重复执行一个循环。在循环中，检测"旋转"变量的值是否为"开始"，只要满足这一条件，就将克隆体向右旋转"速度"变量所指定的度数，并且将颜色（"color"）特效增加5%。第1段～第3段代码如下图所示。

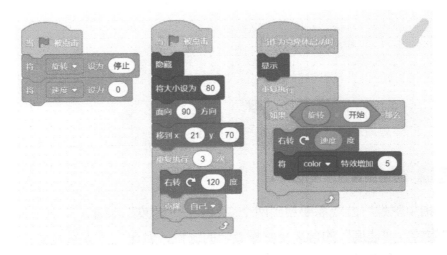

第4段代码、第5段代码和第6段代码都很简单，如下图所示，在按下相应的键的时候，它们负责陀螺的大小变化和造型切换。

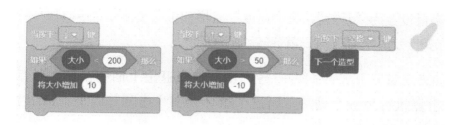

第7段代码和第8段代码是程序的核心，它们决定了陀螺的转动逻辑，这两段代码非常相似，我们详细介绍其中的一段代码，另一段代码就不再赘述了，这两段代码如下图所示。

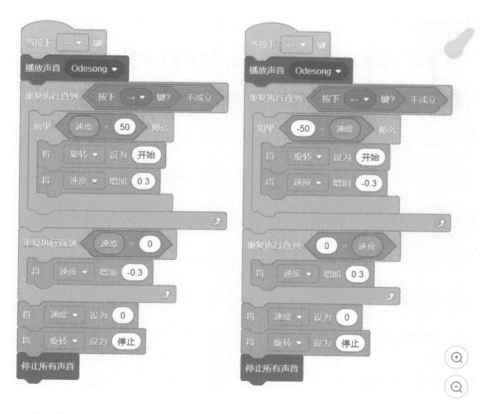

第7段代码，当玩家按下"向右"方向键的时候，先播放"Odesong"声音。然后重复执行一个循环，直到玩家松开"向右"方向键时，才终止这个循环。在这个循环中，每次都先检测"速度"是否小于50，这是因为我们要将陀螺旋转的速度控制在一定的范围之内。如果满足这个条件，就将"旋转"变量设置为"开始",将"速度"值增加0.3。这样,当第3段代码检测到"旋转"为"开始"时,就会转动陀螺的叶片。

如果玩家松开了"向右"方向键,就会退出上面的循环,紧接着又开始重复执行另一个循环,而这个循环会在"速度"值小于0的时候退出。在这个循环中,不断将"速度"值减小0.3,其效果就是让陀螺慢慢停下来。

在这段代码的最后,当退出了两个循环之后,将变量还原,把"速度"值设为0,把"旋转"值设为"停止",并且停止播放声音。这是做陀螺不再旋转的清理工作。

爸爸:"指尖陀螺"游戏的程序就编写好了。你可以试一试。

涨涨:我要和小伙伴们比一比,看看谁玩得更加炫酷!

Chapter 4

第 4 章
中级游戏编程之一

4.1 神奇的魔法

爸爸：涨涨，你怎么无精打采，闷闷不乐的？

涨涨：我每天要通过视频上课，还要写作业、交作业，太忙太累了！我要是有孙悟空的分身术就好了，可以变出两个自己，一个负责学习，一个自在玩耍！

爸爸：世界上没有什么神奇的魔法，但游戏里有啊。我们来编写一个"神奇的魔法"游戏，满足一下你对分身术的渴望吧！

游戏简介和基本玩法

这款游戏的界面如右图所示。

当玩家用鼠标点击右边列出的带

有各种魔法名称的按钮时，魔法师就会施展相应的魔法，让玩家大开眼界！

游戏编写过程

第1步　添加背景和声音

　　这款游戏用到两个背景，分别名为"Castle2"
和"Woods"，直接从 Scratch 3.0 自带的背景库中导
入就可以了，它们都在"奇幻"背景分类中。我们
还需要从音乐库添加一个"Medieval"声音作为背
景音乐。

第2步　添加角色和声音

　　这款游戏用到的角色比较多，一共有 11 个，如下图所示。

　　其中"魔法师"角色是主角，从角色库中导入"Wizard"角色就可以了。
"Wizard"角色自己有 3 个造型，我们还要给这个角色添加两个造型，从造型
库中直接导入"Bat-a"和"Bat-c"就可以了。这 5 个造型如下图所示，在后
面的程序中会用到。

　　"魔法师"角色一共有 18 个声音，这里只列出几个例子，更多的声音不
再一一列出。除了"Wizard"角色自带的"Magic Spell"声音，其他的声音
我们可以自己录制，具体录制方式参见"录制声音素材"部分的介绍。尝试
录制一下，充分发挥自己的声音的磁性"魔力"吧！

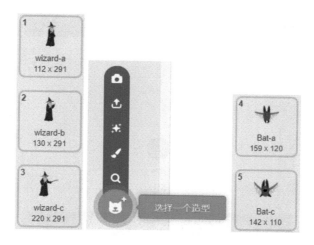

除了"魔法师"角色，其他的角色都需要从本书配套素材文件中导入。实际上，这些按钮角色都相当简单，你也可以在绘图编辑器中自行绘制。我们在第2章介绍过如何使用绘图工具，尤其是要注意掌握"画笔"工具、"圆形"工具、"矩形"工具和"文本"工具。在使用这些工具绘图之前，注意设置好填充色、轮廓、字体等参数。

录制声音素材

要自行录制声音用于游戏，先在项目编辑器上方选中"声音"标签，然后点击左下方的"选择一个声音"按钮，并且选择上方的"录制"选项，将会打开"录制声音"窗口，点击红色的"录制"按钮，就会开始录音。录音结束后，点击"停止录制"按钮，就会停止录音。点击"播放"按钮，就可以播放录音，如果不满意还可以重新录制。如果觉得满意，点击"保存"按钮，录制的声音就会自动出现在声音列表中，过程如下图所示。怎么样，是不是非常方便好用？

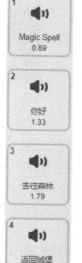

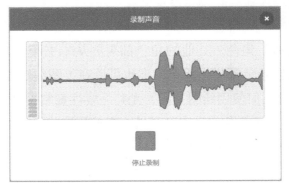

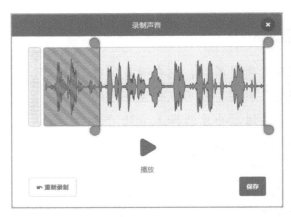

第3步 编写角色代码

虽然这款游戏用到的角色比较多,但很多角色的代码是相似的,而且按钮类角色的代码也比较简单。

1. "开始界面"角色

选中"开始界面"角色，它只有一段代码，如下图所示。当点击绿色旗帜按钮的时候，先等待1秒，然后将角色移动到最前面，将虚像特效设置为0并且显示角色。等待0.2秒，然后开始重复执行一个循环10次，每次将虚像特效增加10%。通过这段代码，游戏一开始就给玩家营造出一种神秘的气氛。

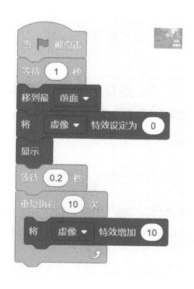

2. "消失按钮"角色

选中"消失按钮"角色，编写代码，它一共有4段代码，如下图所示。

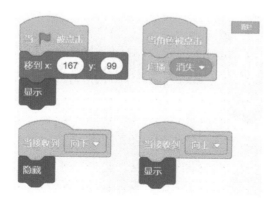

第1段代码，当点击绿色旗帜按钮的时候，将"消失按钮"移动到指定位置（这是第一页的4个按钮的第一排位置的按钮）。第2段代码，当玩家点击该角色的时候，广播"消失"消息，以便"魔法师"角色接收到这条消息后执行"消失"魔法所对应的程序。第3段代码，当接收到"向下按钮"角色发出的"向下"消息时，隐藏角色（因为"消失按钮"是第一页中的按钮，当向下翻页时，它需要隐藏起来，以便让第二页相应位置的按钮显示在舞台上）。第4段代码，当接收到"向上按钮"角色发出的"向上"消息时，表示回到了第一页，那么显示该角色，"消失按钮"再次出现在舞台上的原位置。

显示在第一个页面上的"去往森林按钮""变换颜色按钮""悬空按钮"这3个角色，其代码和"消失按钮"角色的代码基本相同，只是显示位置有差异。这里就不再赘述，直接给出代码。

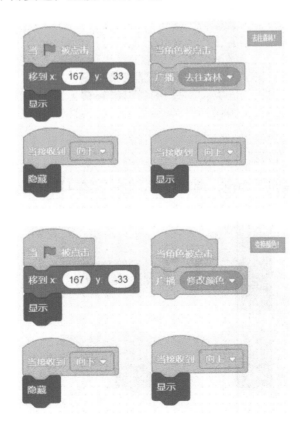

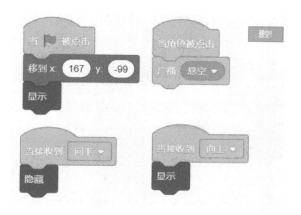

3. "变形按钮"角色

选中"变形按钮"角色，编写代码，这是在第二页上出现的第一个按钮，其代码一共有4段，如下图所示。

第1段代码，当点击绿色旗帜按钮的时候，将"变形按钮"移动到指定位置（这是第二页的4个按钮的第一排位置的按钮）。第2段代码，当玩家点击角色的时候，广播"变形"消息，以便"魔法师"角色接收到这条消息后执行"变形"魔法所对应的程序。其第3段代码和第4段代码刚好和第一页的"消失按钮"的第3段和第4段代码逻辑相反。

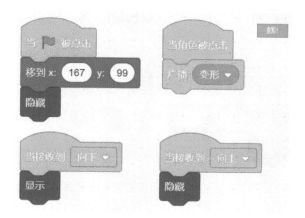

显示在第二个页面上的其他3个角色——"复制按钮""修改大小按钮""修改语言按钮"，其代码和"变形按钮"角色的代码基本相同，也只不

过是显示位置不同。这里就不再赘述，直接给出代码。

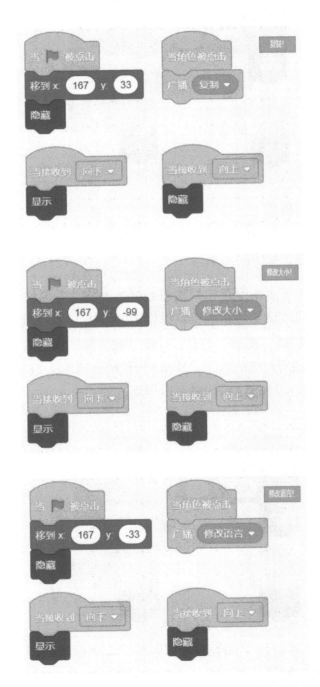

4. "向上按钮"角色

选中"向上按钮"角色，编写代码，它的代码一共有3段，如下图所示。第1段代码，当点击绿色旗帜按钮的时候，将角色移动到适当的位置并隐藏。这时候在第一页，应该显示"向下按钮"，"向上按钮"则应该隐藏。第2段代码，当接收到"向下"消息的时候，显示角色。因为舞台切换到显示第二页的按钮了，这时候"向上按钮"应该出现。第3段代码，当角色被点击的时候，广播"向上"消息并隐藏角色。

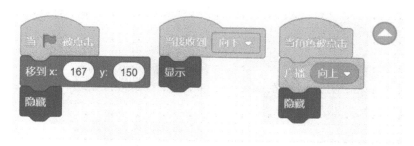

"向下按钮"角色的代码和"向上按钮"角色的代码类似，后两段代码的逻辑刚好相反，这里也不再赘述，直接给出代码。

5. "魔法师"角色

接下来我们来看游戏的主角"魔法师"角色，它的代码较多，一共有11段代码，但逻辑并不复杂。

第1段代码负责初始化，当点击绿色旗帜按钮的时候，将角色移动到舞台中央，将其大小设置为100%，清除角色的图形特效（以确保后续应用的特效较为明显），切换成第一个造型（"wizard-a"），然后显示角色。

第2段代码，当玩家点击角色的时候，切换为第二个造型（"wizard-b"），并且播放"你好"声音和玩家打招呼，然后再切换为第一个造型。这段代码的作用是，当点击"魔法师"的时候，他友好地和你打招呼。第1段和第2段代码如下图所示。

第3段代码是实现"消失"魔法。当接收到"消失"消息（玩家点击消失按钮后广播该消息）的时候，将"魔法师"角色的造型换成"wizard-c"造型，并且播放"消失"声音文件，说"大吉大利，消失！"2秒。然后播放"Magic Spell"的声音，表示魔法发生作用。将角色的"虚像"特效设定为0，接下来重复执行一个循环20次，每次都将角色的虚像特效增加5%，这就产生了"魔法师"角色逐渐隐身的效果。保持隐身1秒的时间。然后，播放声音"现身"，并且说"大吉大利，现身！"2秒，将角色切换回"wizard-a"造型，播放"Magic Spell"的声音，表示现身的魔法发生作用，然后重复执行一个循环20次，逐渐将虚像特效取消，使得角色重新正常显示，代码如下图所示。

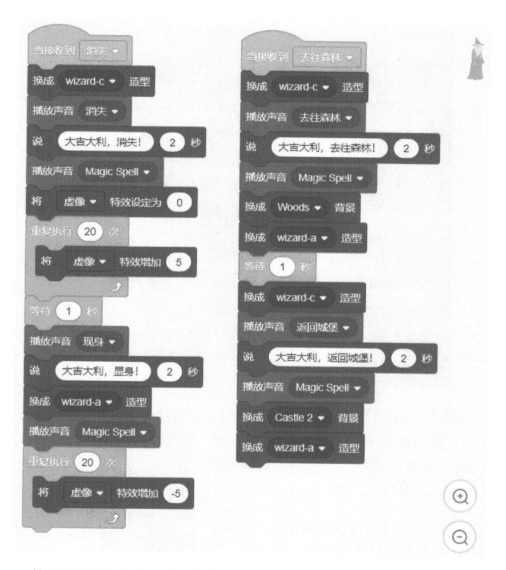

第4段代码实现"去往森林"魔法，其代码逻辑和消失现身魔法的逻辑相似，只不过这里需要将背景从"Castle2"切换为"Woods"，并且最终还要切换回来。这里就不再详细介绍代码了。

第5段代码实现"修改颜色"魔法，第6段代码实现"悬空"魔法，具体的代码逻辑都很相似，只是使用的特效或执行的动作有所不同。这里也不再赘述，直接给出下图所示的代码。

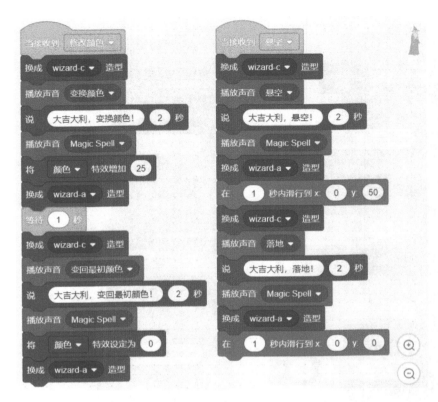

第7段代码实现"变形"魔法，主要是将角色造型变换为蝙蝠造型（"Bat-a"和"Bat-c"）再变换回来，这里也不再详细解读代码，如右图所示。

第8段代码和第9段代码实现"复制"魔法，复制是通过克隆角色来实现的，因此，第9段代码是克隆体的代码。当变回魔法实现作用的时候，克隆体的任务就完成了，需要删除它。这两段代码如下图所示。

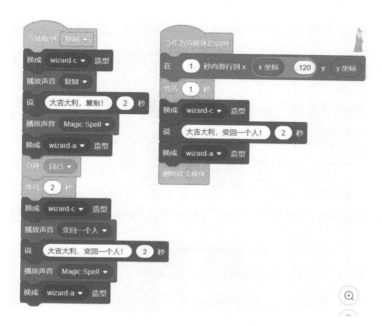

第10段代码实现"修改语言"魔法，如下图所示，主要用到了"翻译"积木中的"文本翻译"积木。这个积木的功能很强大，能够把文本翻译成指定的语言。但是要使用这个积木，需要先通过扩展按钮添加"翻译"类积木。

添加扩展积木类型

在项目编辑器中打开"代码"标签，选择左下角的"添加扩展"按钮。

然后从打开的"选择一个扩展"窗口中，选择"翻译"类积木。

这时候，会发现代码类型里添加了"翻译"类积木，如下图所示，接下来就可以使用其中的积木来编程了。

"魔法师"角色的最后一段代码实现"修改大小"魔法，和其他魔法代码的逻辑基本相似，这里直接给出代码，如下图所示。

第4步 编写背景代码

最后，选中背景，编写代码，只有一段代码。其主要任务就是，当点击绿色旗帜按钮的时候，将背景设置为城堡（"Castle2"），然后重复执行一个循环，不断播放背景音乐。

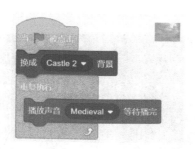

爸爸："神奇魔法"游戏就全部编写完成了，快来尝试一下魔法师的魔法吧！说不定，你也能学会一些魔法咒语呢！

涨涨：大吉大利，复制！

爸爸：怎么样，魔法起作用了吗？

涨涨：爸爸，我爱学习，因为这会让人开心！"

4.2　吃豆人

爸爸：涨涨，你听说过"吃豆人"吗？

涨涨：爸爸，你知道的，我不爱吃豆子，吃多了肚子胀。我叫涨涨，但我可不喜欢肚子胀胀的感觉。

爸爸：说什么呀！我说的是"吃豆人"游戏。

涨涨：游戏是我感兴趣的永恒话题！

爸爸：那我们用Scratch 3.0来编写这款"吃豆人"游戏吧！

游戏简介和基本玩法

《吃豆人》（英文名*Pac-Man*）是电子游戏历史上的经典街机游戏，20世纪80年代，由日本的南梦宫株式会社（NAMCO）设计并发行。《吃豆人》被认为是20世纪80年代最经典的街机游戏之一。我们这款"吃豆人"延续了经典街机游戏的界面和玩法，是其Scratch 3.0版，游戏的基本界面如下图所示。

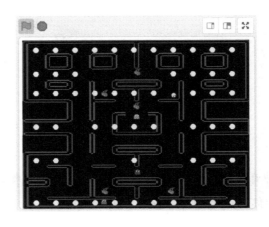

玩家使用上下左右按键，移动黄色的"吃豆人"吃掉屏幕上的黄色小豆、樱桃水果和其他的豆子，吃到的东西越多，得分越高。同时，玩家还要注意躲避红色、蓝色和绿色的3个小怪物，如果被怪物抓到，生命值就会减少1次，并且回到起点重新开始吃豆。如果玩家一共被怪物抓到3次，生命值耗尽，游戏失败。如果玩家得分达到一定的分数，就获胜。

游戏编写过程

第1步　添加背景和声音

游戏的背景就是一个黑底的、带有蓝色迷宫的地图，需要从配套素材文件中导入。其中的蓝色迷宫，要用于移动角色的碰撞检测（颜色碰撞检测）。

这个背景带有两个声音文件，分别用作游戏刚启动时的音乐效果和游戏运行时的背景音乐。这两个声音的用法，最后在编写背景代码的时候会介绍。

第2步　添加角色

这款游戏用到的角色较多，一共有11个，需要从配套素材文件中导入，如下图所示。

我们可以把这11个角色分为两类——静止角色和移动角色。静止角色包括

"豆子""樱桃""大红豆""大黄豆",这几类角色在舞台上等待被"吃豆人"吃掉,此外,还有"左边界""右边界""结束"这几个游戏界面角色。移动角色当然有"吃豆人",还有"吃豆人"的敌对角色"怪物1"(红怪物)、"怪物2"(绿怪物)和"怪物3"(蓝怪物)。这样一区分,各个角色的作用就很清晰了。

"吃豆人"角色是游戏的主角,它有两个造型,分别是合上嘴巴的造型和张开嘴巴的造型,通过这两个造型的切换,表现出嘴巴一张一合吃豆子的姿态。这个角色还有两个声音文件,"pacman_death"是"吃豆人"被某个怪物抓到并死掉时播放的声音,"pacman_eating"是"吃豆人"吃到东西时播放的声音。

"左边界"和"右边界"是两个特殊的角色,它们实际上是两个透明的矩形,就像拱门一样分别放置在地图中间通道的左右两侧。这两个角色也没有任何代码,当"吃豆人"和它们碰撞的时候,会发生折返。折返也是游戏编程中经常用到的一种技巧,我们在后面编写"吃豆人"的代码的时候会详细介绍。

"左边界"和"右边界"角色也可以通过绘图编辑器来自行绘制。具体方法如下:打开绘图编辑器,在矢量图模式下,确保"填充"和"轮廓"都选为"无",选择"矩形"工具,绘制一个矩形,如下图所示。

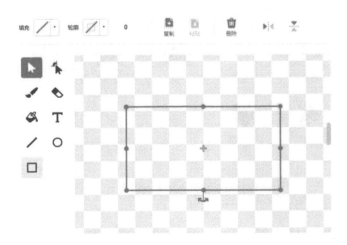

"结束"角色的作用就是显示"游戏结束"的文本，这个角色也可以通过"文本"工具来自行绘制。

第3步 创建变量和列表

这款游戏用到了3个变量。这3个变量在整个游戏中使用，所以创建它们的时候要选择"适用于所有角色"。"初始X位置"是用于在舞台上摆放豆子的x坐标变量。"分数"变量记录玩家的得分，"分数"达到一定的数值，玩家获胜。"生命数"变量记录玩家剩下的"吃豆人"生命数，也就是还可以继续玩游戏的次数，其初始值为3，每当"吃豆人"被"怪物"抓到一次，"生命数"值减少1，当"生命数"的值为0的时候，游戏结束，玩家失败。

还需要为每个"怪物"角色创建一个".临时变量"，它"仅适用于当前角色"，在创建的时候一定要选取相应的选项。后面我们会讲到，在实现怪物移动的代码的时候，这个".临时变量"用来记录其移动的坐标值。

所有这些变量默认都是隐藏的，也就是说，它们并不会出现在舞台上。

除了变量，游戏还用到6个列表。这6个列表分别用来记录3个"怪物"移动路径的x坐标和y坐标。为了简化游戏的设计，我们将"怪物"移动路径设定为固定的而不是随机的，并且我们事先已经在配套素材文件中以文本文件的形式准备好了路径的坐标值，也就是这几个列表中要存储的值，大家在编写程序的时候直接导入就可以使用了。

创建列表和导入列表项

　　创建列表并导入列表项的具体方法如下图所示。首先，要点击"建立一个列表"按钮创建列表。这时候会打开一个"新建列表"窗口，在"新的列表名"栏输入要创建的列表的名称，通过下方的单选按钮选择列表正确的适用范围，然后点击"确定"按钮。此时，就会在舞台上出现一个空白列表，在其上单击鼠标右键，选择"导入"选项。然后，从配套素材文件夹中找到相应的数据文件，就可以将相关的数据正确导入列表中了。

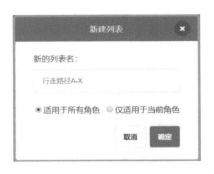
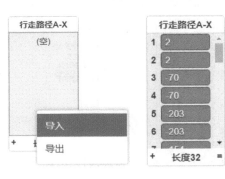

第4步 编写静止角色的代码

　　我们先来编写静止角色的代码。静止角色包括"豆子""樱桃""大红豆""大黄豆""左边界""右边界"和"结束"。我们前面提到了，这些角色中的"左边界"和"右边界"没有任何代码。

1. "豆子"角色

　　选中"豆子"角色，编写代码，一共有3段代码。第1段代码定义了一个名为"创建一个豆子"的自制积木。"创建一个豆子"积木实际上是一个"函数"。它接受两个参数，分别是 X 坐标和 Y 坐标，然后将角色的 x 坐标和 y 坐标分别设置为这两个参数值，并且在该位置克隆角色。这个自定义积木的作用就是在指定的 X 坐标和 Y 坐标处放置一个豆子。

第2段代码，当点击绿色旗帜按钮的时候，先隐藏角色，将变量"初始X位置"设置为195，然后重复执行一个循环11次，在每次循环中都调用"创建一个豆子"积木6次，在同一列中（循环中 x 坐标是不变的）每隔开一定距离放置一个豆子。然后将初始 x 坐标减去40，表示向右平移40个坐标单位，这样就完成一次循环。这段程序最终在舞台上一共布置了66颗豆子，这66颗豆子都是"豆子"角色的克隆体。

第3段代码，当作为克隆体启动时，先显示克隆体，然后检测是否碰到了"吃豆人"角色，如果碰到了，就将"分数"增加1，删除克隆体。这表示"吃豆人"吃掉了这颗豆子。

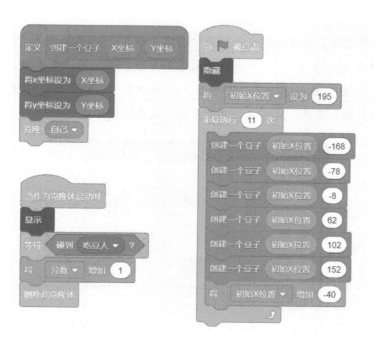

 什么是函数？如何创建自制积木？

　　函数就是执行指定的一组操作的积木块。函数有一个名称，我们可以通过这个函数名来调用该函数，以完成一项固定的任务。函数提供一个接口，这叫作参数，函数执行完还可以返回一定的结果，这叫作返回值。打个比方吧！爸爸让涨涨去取快递，他就会说"取快递"，这个就是"函数名称"。那么涨涨听到这个名称，就知道规定动作是到指定的地点把快递拿回家。但是，爸爸还需要告诉涨涨"快递公司名称"和"手机尾号"，这就是"取快递"这个函数所需要的参数。涨涨把快递拿回家递给爸爸，这就是"返回值"。

既然理解了函数的概念，那该如何创建自制积木，来定义一个"函数"呢？

首先，点击"自制积木"分类中的"制作新的积木"按钮。

然后，会出现一个"制作新的积木"窗口，点击上方积木中的空白框来给自制积木起一个名字，这里就将其命名为"创建一个豆子"。然后，点击下方的"添加输入项数字或文本"，给这个自制积木添加参数。添加第一个参数，将其命名为"X坐标"，然后继续添加第二个参数，将其命名为"Y坐标"。最后选择下方的"运行时不刷新屏幕"复选框，并且点击"完成"按钮。

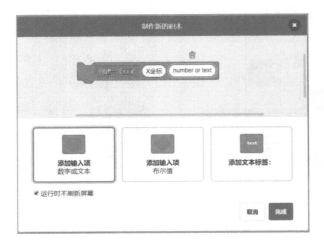

这时候，在"自制积木"类型下，就会出现名为"创建一个豆子"的积木，代码区也会相应出现红色的"定义创建一个豆子"积木块，在这个积木块的下面，我们可以编写"创建一个豆子"积木所需要执行的程序。定义好了自制积木之后，就可以在程序中直接调用它了。

2. "樱桃"角色

下一个静止的角色是"樱桃"角色,选中它,开始编写代码,一共有3段代码。

第1段代码也是一个自制积木,名叫"创建一个樱桃",它接受两个参数,分别是在舞台上布置"樱桃"角色的 X 坐标和 Y 坐标。

第2段代码,当点击绿色旗帜的时候,先隐藏角色,然后调用"创建一个樱桃"6次,在舞台上的6个特定位置分别放置1个樱桃。这里要注意,这段代码通过调用"创建一个樱桃"积木,放置的是6个樱桃克隆体,但这时候克隆体还是隐藏的,也就是说,此时在舞台上还看不到樱桃。

第3段代码,当作为克隆体启动时,等待20秒,显示樱桃,如果"吃豆人"吃到樱桃,分数增加50分,删除克隆体。这段代码的作用是,在玩家坚持一段时间后显示樱桃作为奖励,并且当玩家吃到樱桃时,加50分。

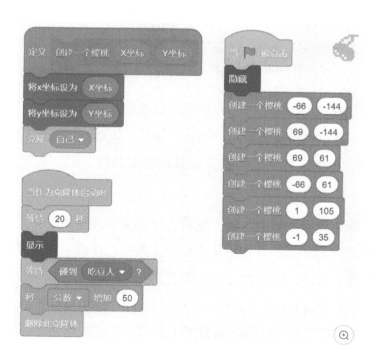

3. "大红豆"角色

接下来，选择"大红豆"角色，编写代码，如下方左图所示。因为舞台上只需要显示一个大红豆，所以其代码比较简单，只有一段代码。当点击绿色旗帜按钮的时候，先隐藏角色，等待30秒，也就是玩家坚持游戏一段时间后，显示"大红豆"作为奖励，如果玩家吃到"大红豆"，得到100分，并且将"大红豆"角色隐藏。

最后一个需要编写代码的静止角色是"大黄豆"，它的代码和"大红豆"基本上相同，只不过等待出现的时间是40秒，吃到"大黄豆"后得到的分数也更高，是200分，代码如下方右图所示。

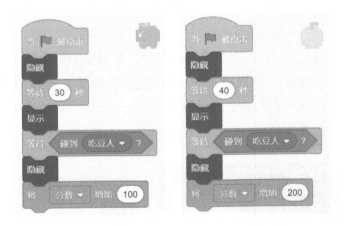

4. "结束"角色

别忘了，静止角色还有一个"结束"角色，选中它，编写代码，虽然只有一段代码，但这段代码比较长，而且也比较重要，它决定了游戏的退出逻辑。

当点击绿色旗帜按钮的时候，先将角色的大小设置为80%，并将其移动到舞台的中央位置。然后开始重复执行一个循环，在这个循环中，依次进行两个条件检测。

第一个条件积木检测"分数"是否大于660，如果是的，就将角色的造型切换为"胜利"，并且移动到最前面来显示，然后重复执行一个小循环20

次，每次将角色增大5%并保持0.1秒，其效果就是逐渐放大显示"胜利"的字幕，最后，停止全部脚本。

第二个条件积木检测"生命数"是否等于0，如果是的，就将角色的造型切换为"失败"，并且移动到最前面来显示，然后重复执行一个小循环20次，每次将角色增大5%并保持0.1秒，其效果就是逐渐放大显示"游戏结束"的字幕，最后，停止全部脚本。

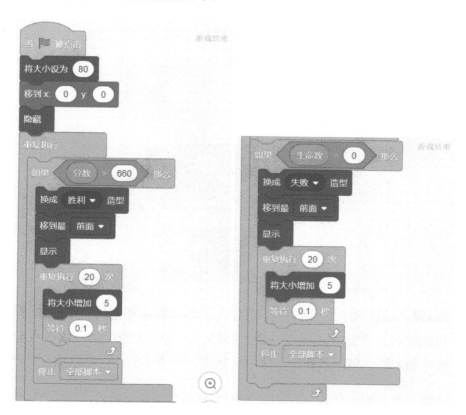

第5步 编写移动角色的代码

移动的角色包括"吃豆人"和3个"怪物"。

1."吃豆人"角色

"吃豆人"是游戏的主角，我们先来编写它的代码，它的代码相对比较复杂，一共有6段代码。

第1段代码，当点击绿色旗帜按钮的时候，等待5秒，以便玩家做出反应，然后广播"怪物出动"消息。

第2段代码，当点击绿色旗帜按钮的时候，将"分数"变量设置为0，将"生命数"变量设置为3，设置"吃豆人"的朝向和位置，然后重复执行一个循环，在这个循环中，每隔0.3秒，将"吃豆人"切换为下一个造型，效果就是它的嘴巴开始不断地一张一合。

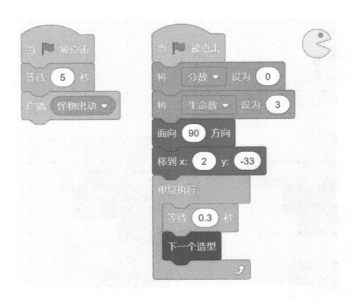

第3段代码比较长，包含了"吃豆人"移动的主要逻辑。当点击绿色旗帜按钮的时候，开始重复执行一个大循环，在这个大循环中，依次有4个不同的条件积木块，每个条件积木块中又包含了一个小的条件积木块。

在第一个大的条件积木块中，先检测是否按下了"向左"方向键，如果是的，将"吃豆人"角色的旋转方式设为"左右翻转"，调整为面向-90度方向，将其x坐标减少5，其效果是角色面朝舞台左边并移动5步。然后立即执行一个条件检测，看角色是否碰到了蓝色，也就是看"吃豆人"是否碰到了地图迷宫的蓝色墙壁，如果是的，就把角色的x坐标增加6，让角色向右退回6步，因为迷宫中有墙壁的地方是不允许继续向前行走的。

另外3个大的条件积木块的代码逻辑基本相同，只不过它们分别检测是否按下了"向右""向上"和"向下"方向键，根据按键调整翻转方式（正确的翻转方式，才能实现"吃豆人"角色适当的转身姿态），并实现朝相应的方向移动的逻辑，同样也要遵守遇到蓝色墙壁则退回的规则。

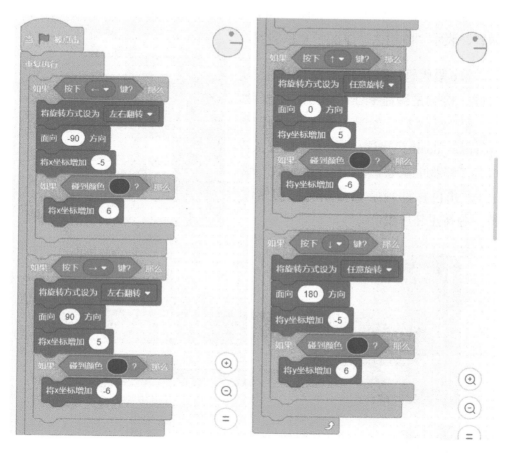

　　虽然迷宫中的墙壁不能穿越，但有一个秘密的通道是可以穿越的。第4段代码负责执行这一逻辑，当点击绿色旗帜按钮后，重复执行一个循环，在这个循环中，分别检测"吃豆人"是否碰到了"右边界"和"左边界"。我们前面提到了，这两个边界分别在中间通道的左右两端的位置。如果碰到了"右边界"，将角色的位置调整到舞台中央最左端，并使其面朝右边，效果是角色超越了"右边界"，从舞台最左端折返回来。同样，如果碰到了"左边界"，就让角色从右边折返，代码如下图所示。

　　第5段代码和第6段代码的逻辑比较简单，分别负责一种碰撞检测，然而这两种碰撞效果截然不同。第5段代码，当点击绿色旗帜按钮的时候，检测是否碰到了"樱桃""大红豆"或"大黄豆"，如果碰到了，就播放"pacman_etaing"声音，表示"吃豆人"享受了一顿美餐。

第6段代码，当点击绿色旗帜按钮的时候，检测是否碰到了"怪物1""怪物2"或"怪物3"，如果碰到了，就播放"pacman_death"声音，表示"吃豆人"成为了怪物的美餐。然后，"生命数"减去1，角色移动到游戏开始时的初始位置，等待重新出发。

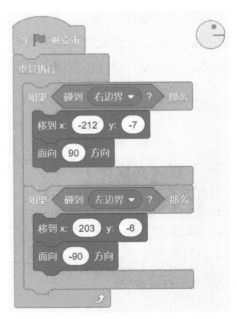

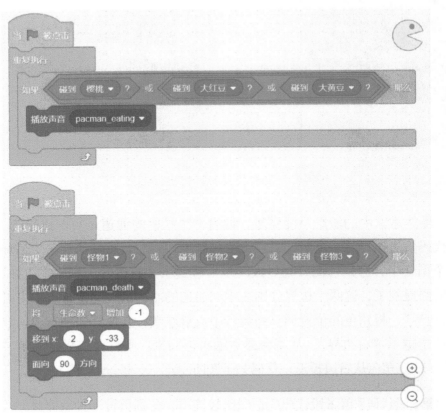

2."怪物1"角色

接下来,选中"怪物1"角色,编写代码,一共有两段代码。

第1段代码负责初始化,当点击绿色旗帜按钮后,将"怪物1"调整为面朝90度方向,放置到起始位置。第2段代码,当接收到"怪物出动"的消息时,等待6秒,然后开始重复执行一个循环。在这个循环中,先将角色的".临时变量"设置为0,然后开始重复执行一个小循环,在其中,先将".临时变量"的值增加1,然后在1秒内移动到一个指定的位置,这个位置的x坐标由"行走路径A-X"的第".临时变量"项值确定,其y坐标由"行走路径A-Y"的第".临时变量"项值确定。小循环执行的次数,就是列表"行走路径A-X"的项目数。这段代码的效果就是让"怪物1"不断地按照列表"行走路径A-X"和"行走路径A-Y"中所存储的坐标位置移动。

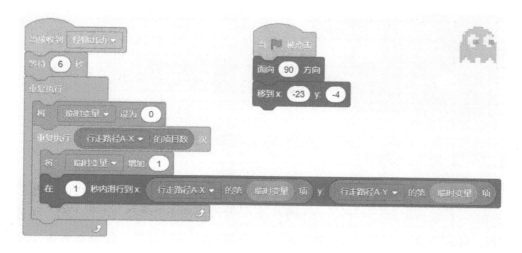

角色"怪物2"和"怪物3"的代码和"怪物1"的代码基本相同,只不过它们所走的路径分别由不同的列表来指定。这里就不再赘述,直接给出代码。

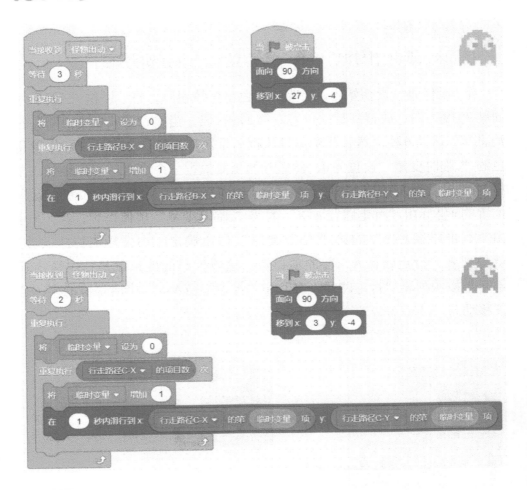

第6步 编写背景代码

最后一步是编写背景代码。选中背景，编写代码，只有两段代码，比较简单，主要负责游戏音效。第1段代码，当点击绿色旗帜按钮的时候，播放"Pac-Man"声音，这是游戏开始时的一个简短的开场音乐，能够起到提示玩家游戏即将开始的作用。

第2段代码，当点击绿色旗帜按钮的时候，等待5秒，以便让"Pac-Man"播放完毕，然后开始重复执行一个循环，每次播放"pacman_chomp"声音并间隔0.8秒。这段代码的效果是在游戏运行过程中持续播放背景音乐。

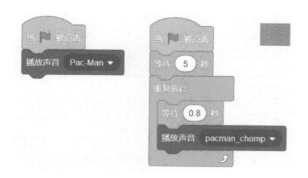

爸爸：涨涨，"吃豆人"游戏编写完了，你可以试玩一下了。

涨涨：这个游戏真的很有趣啊！爸爸，我这次不怕肚子胀了，我要多吃一点"豆子"。对了，还有樱桃、大红豆、大黄豆……

爸爸：唉，看来要考虑再添加一些食物角色了。

第 5 章
中级游戏编程之二

5.1 抗击新冠病毒

涨涨：爸爸，新冠病毒太讨厌了，完全打乱了我正常的生活和学习节奏。

爸爸：是啊。涨涨，你知道怎么预防新冠病毒吗？

涨涨：听钟南山爷爷说，要戴口罩，勤洗手，不聚集，还要多吃有营养的食物增强抵抗力。

爸爸：你说的真不错。那么我们来编写一款"抗击新冠病毒"的游戏，帮小朋友们养成这些好习惯吧！

涨涨：好主意，说干就干！

游戏简介和基本玩法

这款游戏的界面如下图所示。游戏的玩法很简单，玩家点击开始界面中的笑脸，开始游戏。然后，玩家扮演"细胞"的角色，用鼠标移动健康的细胞，躲开舞台上的"新冠病毒"的攻击，并且去捡到"口罩""牛奶"和各种水果来增强自己的防御力，还可以捡到"洗手液"和"香皂"来增强健康力。每次碰到病毒，防御力会降低，而健康力则可以通过点击鼠标左键来释放，以消灭舞台上当前的所有病毒。

　　玩家坚持的时间越长，得分越高。当防御力为0的时候，游戏失败！当坚持时间超过100秒的时候，会出现"疫苗"，捡到"疫苗"，玩家获胜，并且得到振奋人心的鼓励。

 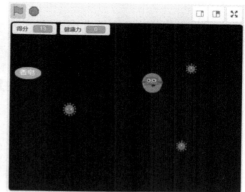

游戏编写过程

第1步　添加背景和声音

　　背景一共有两个，分别是"开始背景"和"游戏背景"，需要从配套素材文件中导入。"开始背景"用于在游戏正式开始之前显示并提示，"游戏背景"是游戏进行过程中的舞台背景。背景带有一个"Movie 2"声音，这是游戏的背景音乐。

第2步　添加角色和声音

　　这款游戏用到的角色一共有8个。"细胞"是玩家操控的角色，"新冠病毒"是敌对的攻击角色。"口罩""能量""洗手液""疫苗"都是玩家可以捡拾的辅助性角色。"结束"和"开始按钮"负责游戏的启动和结束。所有这些角色都需要从配套素材文件中导入。

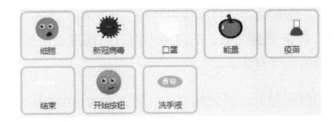

"细胞"角色一共有 4 个造型，表示细胞在不同的保护层级下的状态。"细胞"角色有一个"Alert"声音，在游戏结束时会播放此声音报警。

"新冠病毒"角色有 3 个造型，表示不同种类的病毒。

"能量"角色有 6 个造型，分别表示苹果、香蕉、橙子、草莓、西瓜和牛奶等食物。该角色还有一个"Bite"声音，播放的时候表示细胞吃掉了相应的食物。

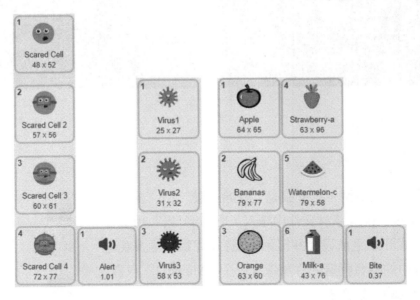

"口罩"角色只有一个造型，它还有一个"Coin"声音，用来表示细胞捡到了口罩，如下图所示。

"洗手液"角色有两个造型，分别表示洗手液和香皂。它有一个"pop"声音，在细胞捡到了洗手液或香皂的时候播放。

"疫苗"角色也只有一个造型，它还有一个"Tada"声音，用来表示细胞捡到了疫苗。

"开始按钮"角色只有一个造型，显示的是微笑的细胞，点击它将启动游戏。

"结束"角色有两个造型，分别表示游戏胜利和失败的场景。

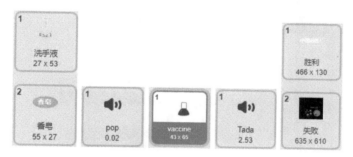

第3步　创建变量

这款游戏一共用到了4个变量。"得分"变量用来记录玩家的得分，当玩家坚持足够长的时间，得分超过100分时，将会出现"疫苗"角色，细胞捡到疫苗，游戏结束，出现胜利界面。"防御力"用来存储细胞抗击病毒的能力，相当于玩家的生命值。"健康力"的值，用来记录细胞清除当前舞台上病毒的能力。"游戏结束"变量表示游戏是否要结束。

此外，"新冠病毒"角色还有一个".移动速度"变量，这是仅适用于该角色的变量。

第4步 编写角色代码

1. "细胞"角色

　　选中"细胞"角色编写代码。一共有两段代码。第1段代码很简单，当点击绿色旗帜按钮的时候，将角色隐藏，并且移动到舞台中央偏下一点的位置。

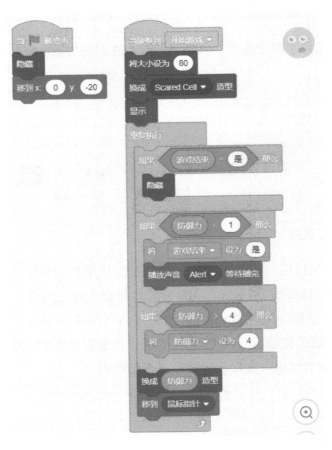

　　第2段代码，当接收到"开始游戏"消息的时候，先将角色的大小设置为80%，然后换成1号造型（"Scared Cell"）并显示角色。接下来，重复执行一个循环。在这个循环中，首先检测"游戏结束"是否为"是"，如果是，就隐藏角色；然后，继续检测"防御力"是否为0，如果是，就将"游戏结束"变量设为"是"，播放"Alert"声音；接下来，继续检测"防御力"是否大于4，如果是，就将"防御力"设置为4（"防御力"值太大的话，就不符合游戏的逻辑了）。执行完这3个条件积木块之后，把角色换成编号与"防御力"的值对应的造型并将其移动到鼠标的位置。这段代码的作用就是，通过循环中的一系列条件判断，确保在游戏运行时，"细胞"角色跟随玩家的鼠标移动，并且根据"防御力"的值来保持相应的正确造型姿态。

2. "新冠病毒"角色

选中"新冠病毒"角色，编写代码，一共有5段代码。

第1段代码，当点击绿色旗帜按钮的时候，将角色隐藏。

第2段代码，当接收到"开始游戏"消息的时候，等待2秒，然后只要"游戏结束"变量为"否"，就重复执行一个循环。在这个循环中，首先将角色移动到舞台范围之内的一个随机位置（x坐标在−235 ～ 235之间取随机数，y坐标在−175 ～ 175之间取随机数），然后将其换成1 ～ 3之间的任意造型，将其".移动速度"变量设置为1 ～ 6之间的随机值。然后，每隔开0.3 ～ 3之间的随机时间，克隆一次角色。这段代码的作用是，在游戏运行时，在随机的位置，以随机频度、随机的造型克隆"新冠病毒"角色，为发起攻击做好准备。

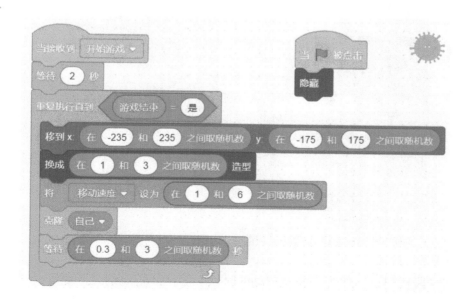

第3段代码（注意，我们这里为了方便显示，将代码分成两段显示，如下图所示。实际上，这应该是上下连接在一起的一段代码），当作为克隆体启动的时候，显示角色，等待0.5秒，让角色面向细胞。如果造型编号等于3，重复执行一个循环50次，在这个循环中，每次让角色面向"细胞"角色移动".移动速度"那么多步，并且将大小减小1%；然后执行一个检测，如果碰到了细胞，就将"防御力"变量减1并删除克隆体。如果造型编号不等于3，就重复执行一个循环，每次移动".移动速度"那么多步，并且先检测是否碰到了舞台边缘，如果是的，就删除克隆体，否则继续检测是否碰到了"细胞"，如果碰到，就将"防御力"变量减1并删除克隆体。这段代码的作用就是执行"新冠病毒"角色向"细胞"的攻击，其中，造型为3号的病毒的攻击方式和另外两种造型的病毒的攻击方式略有不同。

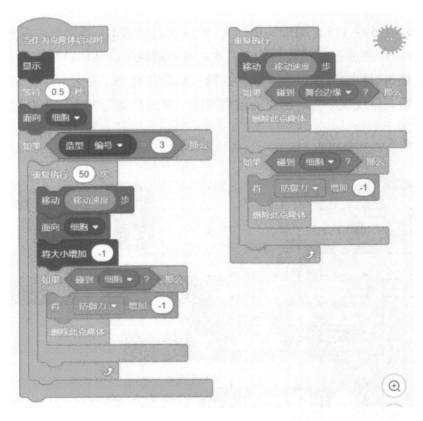

第4段代码，当作为克隆体启动的时候，等待"游戏结束"变量为"是"，

就删除克隆体，如右图的第1段代码所示。

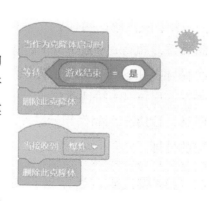

第5段代码，当接收到"爆炸"消息的时候，删除克隆体，如右图的第2段代码所示。这表示玩家点击鼠标左键，利用"健康力"清除了当前舞台上的病毒。

3. "口罩"角色

选中"口罩"角色，编写代码，一共有5段代码。

第1段代码，当点击绿色旗帜按钮的时候，将角色隐藏。

第2段代码，当接收到"开始游戏"消息的时候，等待5秒，只要"游戏结束"变量为"否"，就重复执行一个循环。在这个循环中，首先将角色移动到舞台范围之内的一个随机位置（x坐标在−224～228之间取随机数，y坐标在−162～98之间取随机数），然后克隆角色，每次克隆的间隔时间是7～14之间的一个随机秒数。最后，如果退出了循环（游戏结束了），就删除克隆体。这段代码的作用是，只要游戏还在运行，就按照随机的频度，在舞台上的随机位置生成"口罩"。这两段代码如下图所示。

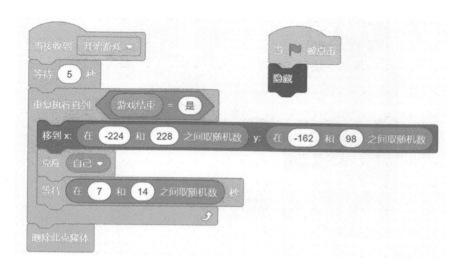

第3段代码，当作为克隆体启动时，先显示角色，将其大小设置为30%。然后重复执行一个循环7次，每次将其大小增加10%。接下来继续重复执行一个循环，在这个循环中，先检测是否碰到了"细胞"角色，如果是，将"防御力"变量增加1并且播放"Coin"声音，表示玩家捡到了口罩，马上删除该克隆体。这段代码的作用就是显示口罩，并且在"细胞"捡到了口罩的时候做相应的处理。

第4段代码，当作为克隆体启动时，等待5秒，然后删除克隆体。这段代码的作用是，如果在5秒之内，"细胞"没有捡到"口罩"，就删除"口罩"。

第5段代码，当作为克隆体启动时，等待"游戏结束"变量为"是"，就删除克隆体。这段代码负责在游戏结束时删除克隆体。第3段～第5段代码如下图所示。

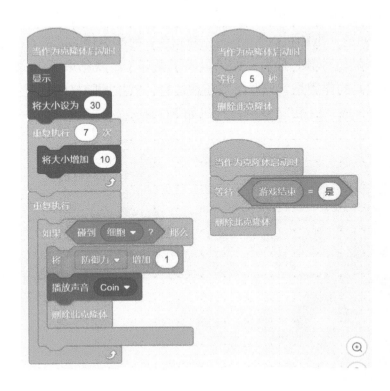

4. "能量"角色

选中"能量"角色，编写代码。一共有5段代码。

第1段代码，当点击绿色旗帜按钮的时候，将角色隐藏。

第2段代码，当接收到"开始游戏"消息的时候，等待8秒，只要"游戏结束"变量为"否"，就重复执行一个循环。在这个循环中，首先将角色移动到舞台范围之内的一个随机位置（x坐标在−224 ~ 228之间取随机数，y坐标在−162 ~ 98之间取随机数），将角色换成编号为1 ~ 6之间的一个造型（即"能量"食物的种类是随机的），克隆角色，每次克隆间隔3 ~ 10之间的一个随机秒数。最后，如果退出了循环（游戏结束了），就删除克隆体。这段代码的作用是，只要游戏还在运行，就按照随机的频度，在舞台上的随机位置生成"能量"角色，并且所出现的食物的类型也是随机的。这两段代码如下图所示。

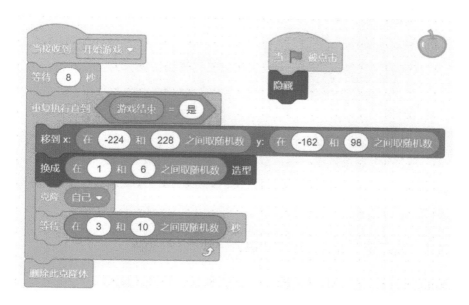

第3段代码，当作为克隆体启动时，显示角色，重复执行一个循环，在循环中，检测是否碰到了"细胞"角色，如果是，将"得分"变量增加

3并且播放"Bite"声音，表示玩家吃到了"能量"食物，马上删除该克隆体。这段代码的作用就是显示食物，并且在"细胞"吃到食物的时候做相应的处理。

第4段代码，当作为克隆体启动时，等待2秒，然后删除克隆体。这段代码的作用是，如果在2秒之内，"细胞"没有吃到"能量"食物，就删除食物。

第5段代码，当作为克隆体启动时，等待"游戏结束"变量为"是"，就删除克隆体。这段代码负责在游戏结束时删除克隆体。第3段~第5段代码如下图所示。

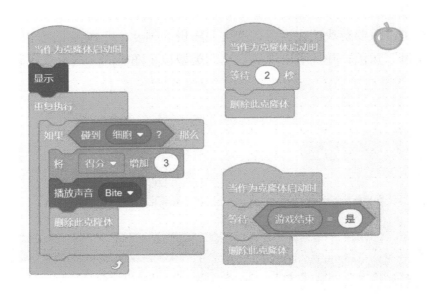

5. "洗手液"角色

选中"洗手液"角色，编写代码，一共有5段代码。

第1段代码，当点击绿色旗帜按钮的时候，将角色隐藏。

第2段代码，当接收到"开始游戏"消息的时候，等待9秒，只要"游戏结束"变量为"否"，就重复执行一个循环。在这个循环中，首先将角色移动到舞台范围之内的一个随机位置（x坐标在−224 ~ 228之间取随机数，y坐标在−162 ~ 98之间取随机数），克隆角色，每次克隆间隔5 ~ 14之间的一个随机秒数。最后，如果退出了循环（游戏结束），就删除克隆体。这段代码的作用是，只要游戏还在运行，就按照随机的频度，在舞台上的随机位置生成"洗手液"角色。这两段代码如下图所示。

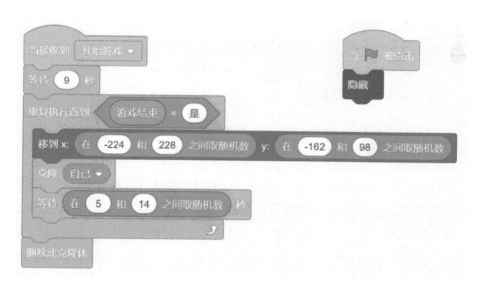

第3段代码，当作为克隆体启动的时候，随机切换"洗手液"角色的造型（只有两种造型，要么是洗手液，要么是香皂），显示克隆体，将其大小设置为30%，然后重复执行一个循环7次，每次将克隆体的大小增加10%。然后继续重复执行另一个循环，先检测是否碰到了"细胞"角色，如果碰到了，将"健康力"的值增加1并且播放"pop"声音，立即删除克隆体，表示"细胞"角色捡到了洗手液或者香皂。

第4段代码，当作为克隆体启动时，等待5秒，然后删除克隆体。这段代码的作用是，如果在5秒之内，"细胞"没有捡到洗手液或者香皂，就删除它们。这两段代码如下图所示。

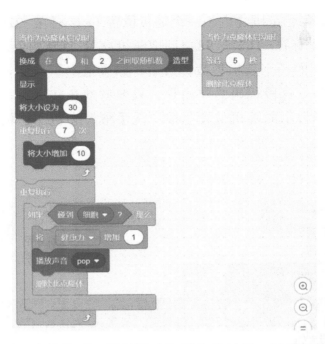

第5段代码，当接收到"开始游戏"消息的时候，就重复执行一个循环。在这个循环中，检测玩家是否按下了鼠标并且"健康力"的值是否大于0，如果这两个条件都成立，就广播"爆炸"消息（还记得吧，当"新冠病毒"角色接收到"爆炸"消息时，就会立即删除克隆体），同时将"健康力"减1，并且等待玩家松开鼠标（按下鼠标和松开鼠标的搭配，才被视为是使用"健康力"消灭病毒的一次完整动作）。这段代码表示，玩家捡到洗手液或香皂之后，可以选择在某个时间"洗手"，消灭舞台上的病毒，代码如下图所示。

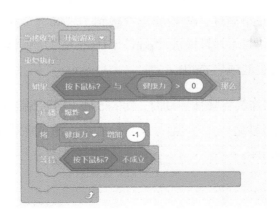

6. "疫苗"角色

　　选中"疫苗"角色，编写代码，一共有两段代码。

　　第 1 段代码，当点击绿色旗帜按钮的时候，将角色隐藏。

　　第 2 段代码，当接收到"开始游戏"消息的时候，等待"得分"大于 100 成立（这是出现疫苗的条件），只要该条件成立，将角色移动到舞台上的一个随机位置（x 坐标在 −200 ~ 200 之间取随机数，y 坐标在 −140 ~ 140 之间取随机数）并显示。然后等"待""细胞"来"注射疫苗"，隐藏角色并且播放"Tada"声音，表示抗击新冠病毒取得成功，最后将"游戏结束"设置为"是"。这两段代码如下图所示。

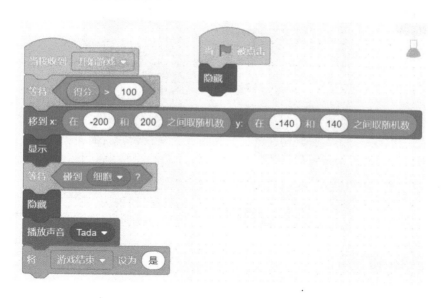

7. "结束"角色

　　选中"结束"角色，编写代码，一共有两段代码。

　　第 1 段代码，当点击绿色旗帜按钮的时候，将角色隐藏。

　　第 2 段代码，当接收到"开始游戏"消息的时候，等待"游戏结束"为"是"，隐藏"健康力"变量和"得分"变量。然后检测"防御力"变量是否等于 0，如果是，表示玩家失败了，将角色移动到最前面并切换为"失败"

造型，显示角色并等待1秒。

如果"防御力"变量不为0，则等待0.1秒，切换为"胜利"造型并将其大小设置为10%，移动到舞台中央，移动到最前面并显示；然后重复执行一个循环10次，每次间隔0.01秒，将角色大小增加10%。后面这段代码在玩家获胜的情况下，将"胜利"造型（"中国必胜"4个字）逐渐放大显示于舞台中央。这两段代码如下图所示。

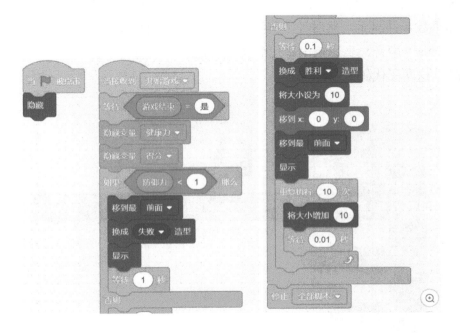

8. "开始按钮"角色

选中"开始按钮"角色，编写代码，一共有两段代码。第1段代码，当点击绿色旗帜按钮的时候，显示角色。第2段代码，当角色被点击的时候，隐藏角色并广播"开始游戏"消息。这两段代码如下图所示。

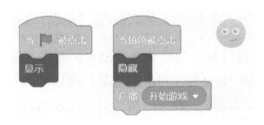

第5步 编写背景代码

最后一步，选中背景，编写代码，一共有3段代码，如下图所示。

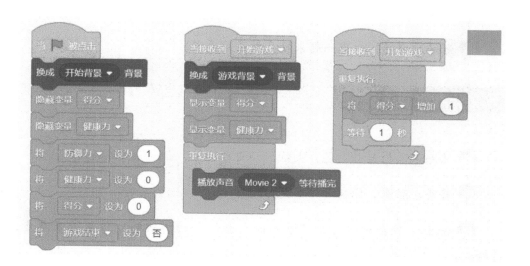

第1段代码负责初始化，当点击绿色旗帜按钮的时候，换成"开始背景"，隐藏"得分"变量和"健康力"变量，将"防御力"变量设置为1，将"健康力"变量和"得分"变量都设置为0，将"游戏结束"变量设置为"否"。

第2段代码负责游戏背景设置。当接收到"开始游戏"消息时，切换为"游戏背景"，显示"得分"变量和"健康力"变量（以便玩家在游戏进行中随时了解状态）；然后重复执行一个循环，在循环中播放游戏的背景音乐"Movie 2"。

第3段代码，当接收到"开始游戏"消息时，重复执行一个循环，在这个循环中，时间每过去1秒，将"得分"增加1。抗击新冠疫情不仅需要医护资源和医疗技术，还需要我们坚持足够长的时间！

爸爸：好了，这款"抗击新冠病毒"的游戏编写完了，你快来玩一玩，看看要注意哪些事情，才能打败新冠病毒。

涨涨：我知道，我知道。要捡到"洗手液"和"香皂"，点击鼠标左键，杀死病毒！

爸爸：还要戴口罩，不聚集，多吃有营养的食物……增强抵抗力哟！

涨涨：好的！我们一起来携手打败病毒吧！

5.2 潜水艇大挑战

涨涨：草原最美的花，火红的萨日朗……

爸爸：涨涨，你在干什么呢？

涨涨：我在玩抖音上"潜水艇大挑战"的游戏呢！你快过来看看，特好玩。

爸爸：那咱们用 Scratch 3.0来编写一款"潜水艇大挑战"游戏，怎么样！

涨涨：这也能行？

游戏简介和基本玩法

这款游戏的界面如下图所示。

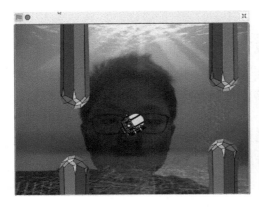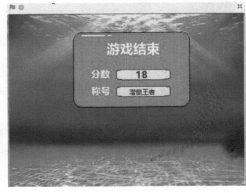

游戏需要玩家的计算机或平板电脑有摄像头。摄像头拍摄到玩家的脸部，玩家通过鼻子上下移动，来控制屏幕上的潜水艇在前进的过程中上下移动，避开迎面而来的障碍物。如果潜艇碰到障碍物，游戏失败，并显示玩家的分数和称号。如果玩家通过全部的18个障碍物，将获得游戏胜利并得到最高称号。

游戏编写过程

第1步 添加背景和声音

这款游戏用到的背景是一幅蔚蓝色海底的景象，需要从配套素材文件中导入。这个背景带有一个背景音乐，演唱的是《火红的萨日朗》这首歌曲，也需要从配套素材文件中导入。当然，你也可以选择

自己喜欢的音乐作为背景音乐，总之，背景音乐只要能够让玩家保持轻松喜悦的游戏心情就可以了。

第2步 添加角色

这款游戏用到3个角色，分别是"潜水艇""柱子"和"得分卡"。

"潜水艇"和"柱子"角色比较简单，它们都只有一个造型。"得分卡"角色的造型较多，因为一共有18对"柱子"要通过，所以它一共有19个造型，分别对应玩家通过了0个~18个"柱子"的情况。每个造型对应一种得分情况。根据玩家的得分情况，又分为4个等级，每个等级会向玩家显示不同称号和不同颜色的造型（得分卡）——得0~5分，为"潜艇新秀"，显示浅绿色得分卡；得6~11分，为"潜艇精英"，显示黄色得分卡；得12~15分，为"潜艇大师"，显示蓝色得分卡；得16~18分，为"潜艇王者"，显示红色得分卡。

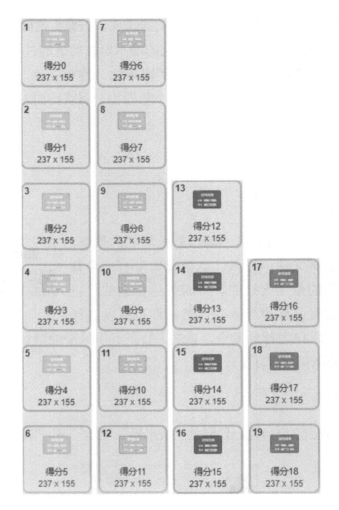

第3步 创建和设置变量

这款游戏一共用到3个变量。"得分"变量用来记录玩家的得分，也就是所通过的"柱子"的对数。注意，"相对方向"和"相对运动"是仅适用于"潜水艇"角色的变量。"相对方向"变量用来记录"视频侦测"积木块所侦测到摄像头视频相对于舞台的方向。"相对运动"变量是"视频侦测"积木块所侦测到摄像头视频相对于舞台的运动幅度经过一定处理后的值。在编写"潜水艇"角色的代码时，我们要通过后两个变量来决定潜水艇的运动方式。

第4步 认识"视频侦测"类积木

前面提到,这款游戏要通过摄像头来进行视频侦测。因此,在编写代码之前,我们需要在Scratch 3.0中添加"视频侦测"积木块。还记得吧,在第4章中介绍"神奇的魔法"游戏的时候,我们用到了"翻译"类积木。在"添加扩展积木类型"中,我们详细介绍了如何添加"翻译"类积木。添加"视频侦测"积木的方法和添加"翻译"类积木的方法完全相同,点击"添加扩展"按钮后,从"选择一个扩展"窗口中,选中"视频侦测"就可以了。然后,在项目编辑器的积木类型中,就会看到"视频侦测"类积木。

为了能够更好地理解潜水艇角色的代码,这里我们有必要简单介绍一下"视频侦测"类积木的作用。"视频侦测"类积木一共有4个积木,如表5-1所示。

表5-1 视频侦测积木

序号	积木	说明
1	当视频运动 > 10	当视频运动大于某一个数值的时候,执行下面的程序
2	相对于 角色▼ 的视频 运动▼	侦测摄像头所提供的视频相对于角色或舞台的运动幅度或运动方向
3	开启▼ 摄像头	开启或关闭摄像头
4	将视频透明度设为 50	设置视频的透明度,数值愈大,影像愈透明;反之,数值愈小则影像愈不透明

第5步 编写角色代码

1. "潜水艇"角色

添加了"视频侦测"积木并且简单认识了"视频侦测"积木的作用之后,我们就可以开始编写游戏的角色代码了。

选中"潜水艇"角色，编写代码，一共有3段代码，如下页图所示。

第1段代码负责根据玩家在摄像头前的动作来控制潜水艇的航行姿态。当点击绿色旗帜按钮的时候，开启设备的摄像头，将角色移动到舞台中央，调整为面向90度方向，广播"游戏开始"消息。然后，开始重复执行一个循环，在这个循环中，先将"相对方向"变量设置为摄像头视频相对于舞台的方向，将"相对运动"变量设置为摄像头视频相对于舞台的运动幅度除以14后的值。然后，开始进行条件检测，如果"相对方向"的值大于−50度且小于50度，将角色的y坐标增加"相对运动"那么多个单位，并且将角色方向调整为面向60度方向。这就是说，玩家通过视频在舞台的上半部分扇形区域（如右图所示）移动，那么"潜水艇"角色会向上移动，并且头部调整为斜向上的姿态。

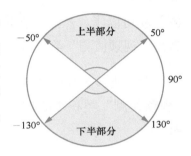

如果不是上述的情况，立即进行另一个检测，看"相对方向"的值是否大于130度且小于−130度。如果是，就将角色的y坐标减少"相对运动"那么多个单位，并且将角色方向调整为面向120度方向。这就是说，玩家通过视频在舞台的下半部分扇形区域移动，那么"潜水艇"角色会向下移动，并且头部调整为斜向下的姿态。如果上述检测的两种情况都不是，那么"潜水艇"的y坐标值不改变，继续保持朝向90度的方向，看上去，潜水艇继续平行向舞台右边航行。

第2段代码负责检测是否满足游戏结束的条件。当接收到"游戏开始"消息的时候，不断重复执行一个循环，在循环中检测是否碰到了"柱子"角色，如果碰到了，就广播"游戏结束"消息。

第3段代码负责游戏结束扫尾工作。当接收到"游戏结束"消息的时候，关闭摄像头，停止角色的所有其他脚本。在结束之前，做好清理工作，这是编写程序的好习惯。这就好像在日常生活中，我们离开房间的时候，应该记得把房间里的灯关掉。

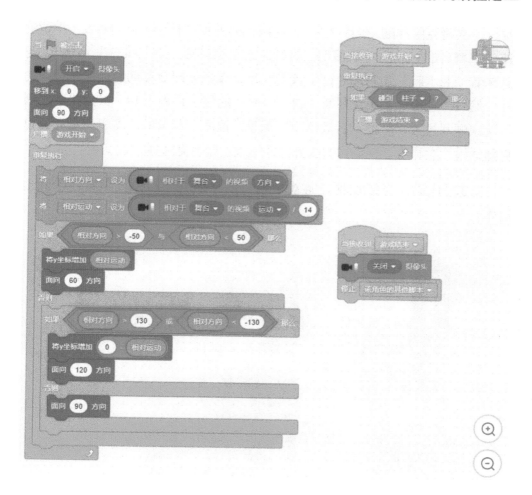

2. "柱子"角色

选中"柱子"角色，编写代码，一共有3段代码，如下图所示。

第1段代码，当点击绿色旗帜按钮的时候，先隐藏角色，将其移动到舞台右边缘之外的地方，将"得分"变量设置为0。然后，开始重复执行一个循环18次，在这个循环中，每次先等待2秒，然后克隆角色。这段程序准备好在游戏中要作为障碍物出现的"柱子"，但还不显示它们。

第2段代码，当作为克隆体启动时，将克隆体柱子的 y 坐标设为 $-80 \sim 80$ 之间的一个随机数并显示。这使得每次柱子出现的时候，高低位置有随机的变化，为"潜艇"通过障碍物增加难度。然后，开始重复执行一个循环100

次，每次将克隆体的*x*坐标减少5，这段代码使得"柱子"以每秒5个单位的速度从舞台的右端向左端移动。执行完这个循环后，将"得分"增加1，这意味着"潜水艇"顺利地通过了该克隆体，克隆体则会移动到舞台左边缘之外。然后，进行一个条件判断，看"得分"的值是否等于18，如果是的，表示玩家顺利过关，广播"游戏结束"消息。最后，玩家的"潜艇"顺利通过克隆体后，意味着该克隆体的任务已经完成，删除克隆体。

第3段代码，当接收到"游戏结束"消息的时候，停止该角色的其他脚本。

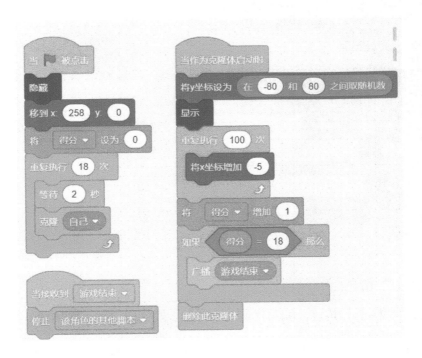

3. "得分卡"角色

选中"得分卡"角色，编写代码。虽然"得分卡"角色的造型很多，但它的代码很简单，如下图所示。

第1段代码，当点击绿色旗帜按钮的时候，隐藏角色。

第2段代码，当接收到"游戏结束"消息的时候，显示角色，并且将角色切换为编号为"得分"变量的值加1的造型。造型是从1号开始编号的，1号造型对应的是"得分"为0的得分卡，所以，正确的造型所对应的编号，就是"得分"变量的值加1。

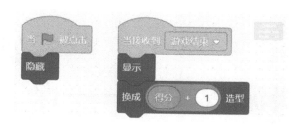

第6步 编写背景代码

选中背景，编写代码，一共有两段代码，如下图所示。

第1段代码，当点击绿色旗帜按钮的时候，重复执行一个循环，不断播放背景音乐。

第2段代码，当接收到"游戏结束"消息的时候，停止该角色的其他脚本。

爸爸：好了，"潜水艇大挑战"游戏编写完了，你来试试吧，不比手机上的游戏效果差！

涨涨：是啊，真的挺好玩啊！ Scratch 3.0视频侦测的功能真神奇！

Chapter 6

第 6 章
高级游戏编程——保卫城池

涨涨：风在吼，马在叫，黄河在咆哮，黄河在咆哮……

爸爸：涨涨，你在干什么呢？

涨涨：我在唱《保卫黄河》啊！

爸爸：那你知道怎么保卫黄河，保卫家乡吗？

涨涨：……呃，这首歌里没唱……爸爸，你说该怎么做呢？

爸爸：就像另外一首歌里唱到的啊，"朋友来了有好酒，若是那豺狼来了，迎接它的有猎枪"！今天，我们就编写一款"保卫城池"的游戏吧！

游戏简介和基本玩法

"保卫城池"是一款简单的塔防类游戏。所谓塔防类游戏，就是游戏中的双方在地图上进行攻击和防守，来决定谁取得最终的胜利。例如，我们在《Scratch 3.0少儿游戏趣味编程》一书中用Scratch 3.0编写的"植物大战僵尸"，就是一款典型的塔防类游戏。

"保卫城池"游戏的界面如下图所示。

玩家点击"PLAY"后游戏开始。然后，各种敌人开始疯狂地向城堡进攻，玩家使用鼠标控制城楼上的士兵射箭来消灭攻击的敌人，并由此得分。如果敌人接触到城堡，玩家的"生命数"会减少一定的数值，当"生命数"为0的时候，游戏结束，此时显示玩家的最高得分。

游戏编写过程

第1步 添加背景和音乐

这款游戏需要一个背景图案（"tower"），可以从配套素材文件中导入。这个背景还带有一个"music"声音文件，充当游戏的背景音乐。

第2步 添加角色

这款游戏一共有13个角色，需要从配套素材文件中导入。这13个角色可以划分为3类。第一类是游戏场景角色，包括"云彩"和"地面"，它们的作用是给游戏增加一个场景氛围。第二类是游戏功能界面角色，包括"游戏名称""play""练习射箭""计分""生命""结束",它们在游戏开始、进行中和结束的时候,会执行某种功能,保证游戏的顺利进行。第三类是攻防双方角色,包括攻方角色(也可以称为敌人角色)——"吃人兽""獾""飞龙"和"小鸡";还有一个就是守方角色(也可以称为玩家角色)——"小兵"。

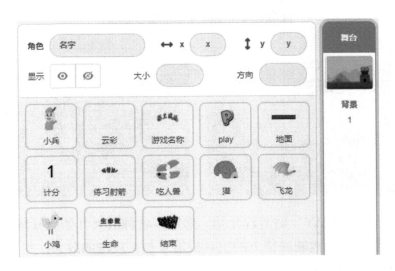

这里我们先简单介绍一下各个角色。

"小兵"角色是游戏的主角,玩家操控该角色,它一共有4个造型,一个是主造型("costume1"),另外两个是搭弓("costume2")和射箭("costume3")造型。此外,射向敌人的箭("costume4")实际上"小兵"角色的一个造型。"小兵"角色带有一个"arrow_release"声音,当箭射出的时候,播放这个声音。

"云彩"角色有3个造型,如下图所示,它会营造出白云从天空飘过的场景。

"play"角色有4个造型,分别是4个字母"P""L""A""Y",它负责启动游戏。

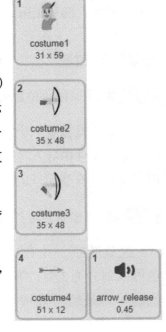

"计分"角色一共有10个造型，分别是数字0～9的形式，用来显示玩家得分（这里限于篇幅，只列出其前5个造型）。

"生命"角色一共有7个造型，分别表示不同的生命数状态，通过这7个造型的切换，实现动态显示"生命数"的效果。

"吃人兽"角色一共有5个造型，如下图所示。其中前两个造型是正常造型，相互切换表示其嘴巴一张一合地向城池扑来，另外3个造型用来表示它中箭后分裂消失的效果。"獾""飞龙""小鸡"这几个攻方角色也是一样的，它们分别有3个、4个和4个造型，其中一部分是正常造型，另一部分是用来表示中箭后分裂消失效果的造型。这些攻方角色都有一个"dead"声音，在它们中箭后，会播放此声音表示角色受伤死亡。

剩下的"游戏名称""地面""练习射箭"和"结束"角色的造型都很简单，这里就不再单独展示和说明了。

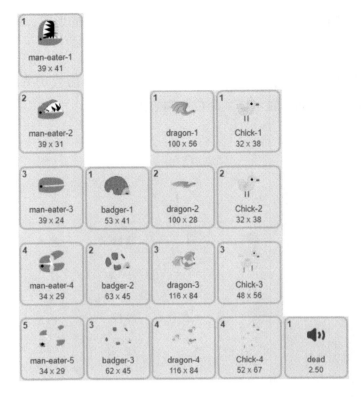

第3步 创建变量

这款游戏一共用到了9个变量，需要依次创建一下。"第一次得分"变量用来记录"小兵"的箭是否第一次射中攻击者并得分。"点击开始按钮"变量记录玩家是否点击了"play"角色。"分数"变量用来记录玩家的得分。"箭的速度"变量用来确定箭（其实是"小兵"角色的一个造型）飞出去的速度。"瞄准方向"是一个角度值，决定了箭射出的方向。"难度系数"通过调整攻方角色的移动速度，来调整游戏的难度。"生命数"保存玩家剩下的生命值。"移动箭"确定箭是否处在移动的状态。"最高纪录"保存玩家的最高得分。这9个变量中，只有"最高纪录"默认是显示的，会显示在舞台上。

第4步 编写静止的游戏场景角色的代码

前面介绍角色的时候提到了，静止的游戏场景角色包括"云彩"和"地面"，其代码逻辑相对比较简单一些，我们先来编写它们的代码。

1. "云彩"角色

选中"云彩"角色，编写代码，一共有3段代码。第1段代码，当点击绿色旗帜按钮的时候，将角色隐藏。第2段代码，当接收到"加载游戏"消息的时候，开始重复执行一个循环，每隔1秒克隆一次角色。第3段代码，当作为克隆体启动时，显示克隆体，并且将其移动到舞台上部的右端（x坐标为483，y坐标在70 ~ 192之间取随机数），随机使用3种造型中的1个，将"虚像"特效设置为40 ~ 80之间的一个随机数。然后，只要x坐标大于或等于-255（即还没有移动到舞台的左边缘），就重复执行一个循环，在循环中每次将"云彩"克隆体向舞台左边移动一定的步数（步数和造型编号有一定的关系，这样不同的云彩飘过的速度不同，效果更加形象逼真）。当克隆体接近舞台左边缘的时候（即x坐标小于或等于-255时），退出循环，删除克隆体。

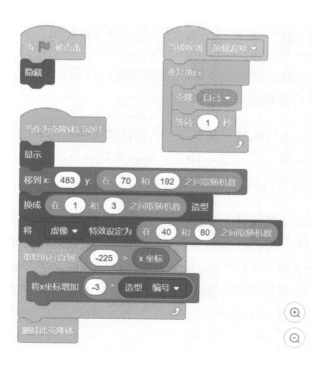

2. "地面"角色

选择"地面"角色，编写代码，一共有两段代码，都非常简单。第1段代码，当点击绿色旗帜按钮的时候，隐藏角色。第2段代码，当接收到"加载游戏"消息的时候，显示角色。

第5步 编写静止的游戏功能界面角色的代码。

游戏功能界面角色包括"游戏名称""**play**""练习射箭""计分""生命"和"结束"。它们负责在游戏开始、进行中和结束的时候执行某种功能，让游戏顺利衔接和进行。下面来编写这些角色的代码。

1. "游戏名称"角色

选中"游戏名称"角色，编写代码，一共有3段代码。

第1段代码，当点击绿色旗帜按钮的时候，将角色隐藏起来，并且移动到最前面，为显示游戏名称做好准备。

第2段代码，当接收到"加载游戏"消息的时候，显示角色，将大小设置为0，然后重复执行一个循环10次，每次将角色大小增加10%。这就生成了游戏名称逐渐放大并显示的效果。

第3段代码，当接收到"开始游戏"消息的时候，等待0.2秒，然后重复执行一个循环4次，每次将角色大小增加5%，然后继续重复执行一个循环12次，每次将角色大小减少10%。两个循环执行完毕后，将角色隐藏。这会在开始游戏的时候，生成游戏名称略微放大然后快速缩小并消失的效果，很形象地提醒玩家，就要开始游戏了。

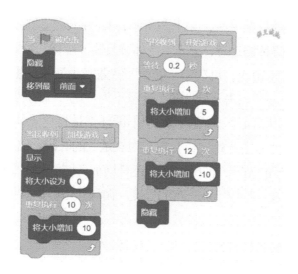

2. "play" 角色

选中 "play" 角色, 开始编写代码。"play" 角色的效果更加炫酷一些, 代码也稍微复杂一些, 一共有4段代码。

第1段代码, 当点击绿色旗帜按钮的时候, 先隐藏角色, 然后将其大小设置为75%, 并且移动到舞台中央偏下一点的位置, 然后将 "点击开始按钮" 变量设置为 "否", 并且切换为 "p" 造型。设置 "点击开始按钮" 变量之后, 当玩家点击 "PLAY" 的时候, 程序就可以检测到。

第2段代码, 当接收到 "加载游戏" 消息的时候, 重复执行一个循环4次, 每次间隔0.7秒, 克隆角色并将其切换为下一个造型。这段代码把 "P" "L" "A" "Y" 4个字母的造型都生成了。第1段和第2段代码如下图所示。

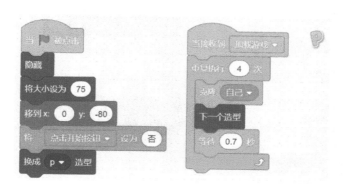

第3段代码稍微复杂一些，如下图所示，4个字母造型的克隆体都会执行这段代码。当作为克隆体启动时，显示克隆体并且将"虚像"特效设置为100%。然后重复执行一个循环10次，每次将"虚像"特效减少10%，并且将克隆体的y坐标增加0.5。然后只要"点击开始按钮"变量不为"是"，就重复执行一个大循环，在这个大循环中一共有4个小循环，每个小循环都是将克隆体的y坐标增加或减少一定的幅度。当"点击开始按钮"变量为"是"的时候，这个循环结束，然后开始重复执行4个新的循环，前两个循环还是增加y坐标，最后两个循环减少y坐标，还分别将"虚像"特效增加一定的程度。循环结束后，删除这个克隆体。

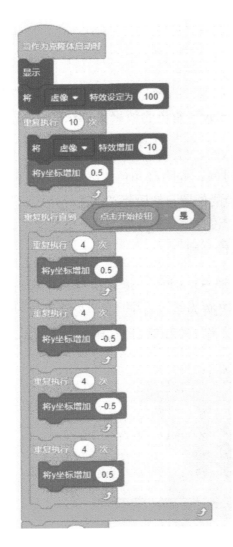
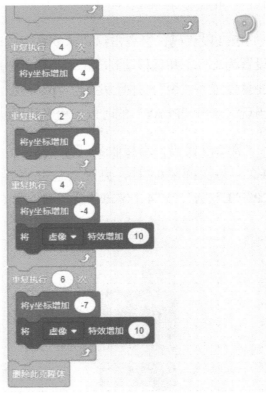

这段代码产生的效果非常炫酷，就是只要玩家没有点击"P""L""A""Y"这4个字母，它们就不断地上下抖动，就像是在和着背景音乐跳舞一样。在游戏加载了但还没有正式开始运行之前，这种效果能够很生动地提醒玩家，让玩家一眼就知道如何开始玩游戏。玩家点击了"PLAY"之后，这4个字母就从舞台上"滑落"，游戏正式开始。

炫酷归炫酷，干活儿不耽误！第4段代码真正执行"play"角色的功能，如下图所示。当作为克隆体启动时，等待并检测鼠标指针是否碰到了克隆体并且按下了鼠标，如果条件成立，将"点击开始按钮"变量设置为"是"，并且广播"开始游戏"消息。

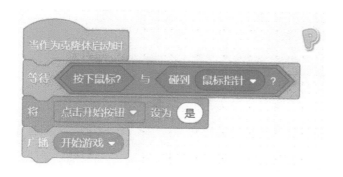

3. "练习射箭"角色

选择"练习射箭"角色，编写代码，一共有3段代码。

第1段代码，当点击绿色旗帜按钮的时候，将角色隐藏起来。

第2段代码，当接收到"学会射箭"消息的时候（在"吃人兽"角色的代码中，当箭第一次射中吃人兽，会广播"学会射箭"消息），将角色大小设定为0并显示，然后重复执行一个循环10次，每次将角色大小增加9%。然后等待1秒钟，再重复执行另一个循环10次，每次将角色大小减小10%，最后将角色隐藏并广播"吃人兽出动"消息。这段代码的效果是，玩家第一次射中"吃人兽"，就逐渐放大显示角色，以"好箭法"三个字给玩家以鼓励，然后角色逐渐缩小并消失。

第3段代码，当接收到"学会射箭"消息时，重复执行一个循环，在这个循环中，每隔20秒，将"难度系数"增加0.1。这样，玩家玩游戏的时间越长，游戏难度越大。

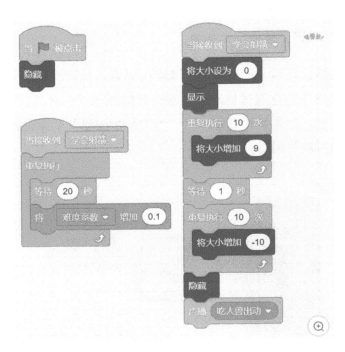

4. "计分"角色

选中"计分"角色，编写代码，一共有3段代码。

第1段代码，当接收到"开始游戏"消息，开始重复执行一个循环，每次都比较"分数"变量是否大于"最高纪录"变量，如果是，就将"最高纪录"设置"分数"。这段代码负责更新玩家得分的最高纪录。

第2段代码，当接收到"学会射箭"消息的时候，也就是说，玩家第一次射中"吃人兽"之后，就要开始计分了。先隐藏角色，然后将其移动到舞台左上方的位置，换成造型1，并且将".得分位数"变量设置为0。注意，在创建这个".得分位数"变量的时候，它仅适用于"计分"角色的变量，而且在后面克隆之后，角色的每一个克隆体都有一个".得分位数"变量且可以保持不同的值。这一点是理解后面的代码的关键环节。

接下来，这段代码重复执行一个循环，在这个循环中先比较"分数"的字符数是否大于".得分位数"，如果是，将".得分位数"加1，将x坐标增加30，并且克隆自己。这段循环代码的作用就是，当分数从1位变为2位（即从9分变为10分），或者从2位变为3位（即从99分变成100分）的时候，将".得分位数"值增加1，以记录当前得分有几位数，然后克隆一个角色，放置到原来角色的右边的位置，以便记录当前"分数"新增的高位数。

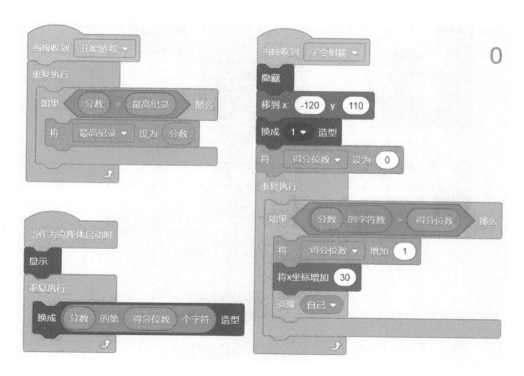

第3段代码，当作为克隆体运行的时候，显示克隆体，然后重复执行一个循环，在这个循环中，不断将克隆体换成"分数"的第".得分位数"个造型。这段代码的作用是，根据"分数"的位数显示相应的"计分"克隆体，并且将其切换为准确的分值造型。

5. "生命"角色

选中"生命"角色，编写代码。这个角色用来形象化地显示玩家当前的生命数，它一共有3段代码。

第1段代码，当点击绿色旗帜按钮的时候，隐藏角色，面向90度的方向，移动到舞台右上角[为什么坐标（0,0）是舞台的右上角呢？读者不妨打开绘画编辑器，看一下"生命"造型的中心点]，并且切换为"life-0"造型（这个初始造型就是生命值为5的满格造型，也就是血线全绿造型）。

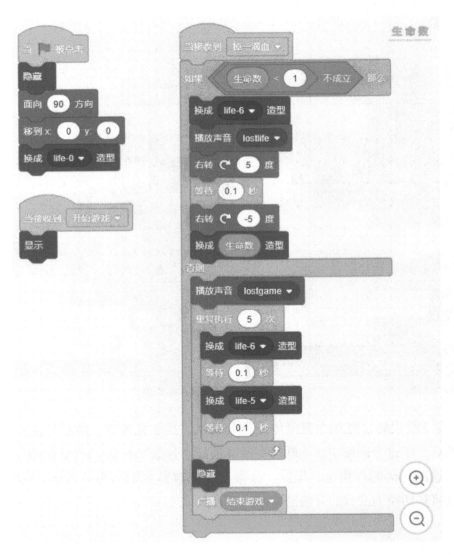

第2段代码，当接收到"开始游戏"消息的时候，显示角色，表示游戏

开始计算"生命数"。

第3段代码，当接收到"掉一滴血"消息的时候，先进行一个检测，看看"生命数"是否为0，如果不是，先切换成"life-6"造型（注意，这是血线全红造型），播放"lostlife"声音，表示丢了一条命。然后右转5度，轻微向右下方斜一下肩，等待0.1秒，再左转5度，恢复原样，并且切换为以"生命数"编号的造型（注意，"生命"的造型编号1～5，分别代表了其中所剩的绿色血线数，和剩余的"生命数"是一一对应的）。这段代码的效果就是当丢失一条生命的时候，抖动一下，然后显示正确的剩余生命造型。

如果"生命数"为0，播放"lostgame"声音表示游戏失败了。然后重复执行一个循环5次，每次都在"life-6"（血线全红且为粗）和"life-5"（血线全红且为细）之间切换造型，每次造型保持0.1秒。执行完这5次循环后，隐藏角色，广播"结束游戏"消息。这段代码在游戏即将结束的时刻，闪烁"生命数"角色进行提示，制造一种紧张的气氛。

6."结束"角色

选中"结束"角色，编写代码，其代码一共有两段，比较简单。

第1段代码，当点击绿色旗帜按钮的时候，隐藏角色。第2段代码，当接收到"结束游戏"消息的时候，将角色大小设置为0，显示角色。然后重复执行一个循环10次，每次将角色大小增加9%。此后将大小设置为"100%"，并且停止"全部脚本"，游戏到此结束。这段代码让"游戏结束"几个字逐渐放大显示出来。

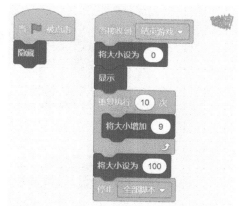

第6步 编写攻守双方角色代码

攻方角色包括"吃人兽""獾""飞龙"和"小鸡"，我们先来编写这些角色的代码。

1."吃人兽"角色

选中"吃人兽"角色，编写代码，一共有6段代码。

第1段代码负责初始化变量。当点击绿色旗帜按钮的时候，依次将"第一次得分"设置为"否"，将"生命数"设置为5，将"分数"设置为0，将"难度系数"设置为1，然后隐藏角色。

第2段代码，当接收到"开始游戏"消息的时候，重复执行一个循环，如果"第一次得分"为"否"，就以4秒的时间间隔来克隆自己。游戏刚刚开始，"小兵"还在练习箭术，因此，"吃人兽"角色出动得较慢。

第3段代码，当接收到"吃人兽出动"消息的时候（"练习射箭"角色会发布该消息），说明"小兵"已经学会射杀"吃人兽"并且得分了，只要"生命数"不为0（即游戏没有结束），就重复执行一个循环，以0.5 ~ 4之间的一个随机秒数为间隔时间，克隆"吃人兽"角色。

第4段代码，当接收到"吃人兽出动"消息的时候，等待"分数"大于49分的情况出现，一旦得分达到50分，就广播"獾出动"消息，召唤更加厉害的攻击伙伴！

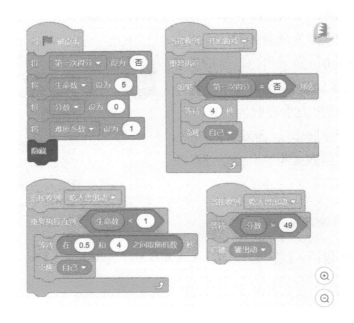

第5段代码、第6段代码和第7段代码都是作用于克隆体的代码，如下图所示。

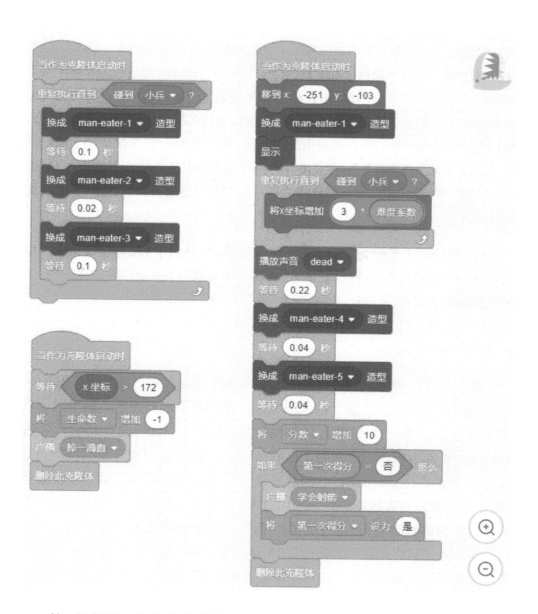

第5段代码，当作为克隆体启动时，只要还没有碰到"小兵"角色（其实这里是"小兵"角色的箭造型），就重复执行一个循环，以不同频率依次

切换1号、2号和3号造型。这段代码生成了"吃人兽"嘴巴快速一张一合的效果。

第6段代码，当作为克隆体启动时，将克隆体移动到舞台左下方左边缘之外、"地面"角色之上的位置，换成1号造型并显示，等待出击。然后，只要还没有碰到"小兵"角色，就重复执行一个循环，在每次循环中，克隆体向右移动的步数值是"难度系数"的3倍。如果碰到了"小兵"角色，表示克隆体被箭射中了，停止循环并播放"dead"声音，等待0.22秒后，切换为4号造型，然后迅速切换为5号造型，表现出"吃人兽"被射中后死亡并快速消失的动画效果。接下来，将"分数"增加10分，判断这次射中是否是第一次得分，如果是，广播"学会射箭"消息并且将"第一次得分"变量设置为"是"。最后删除克隆体。

第7段代码，当作为克隆体启动时，等待x坐标大于172的情况出现（也就是这只"吃人兽"攻到了城堡里），将"生命数"减1，广播"掉一滴血"消息并删除克隆体。

2. "獾"角色

选中"獾"角色，编写代码，一共有4段代码，如下图所示，其中大部分代码逻辑和"吃人兽"的代码相似，我们就不再赘述了。这里强调几点不同之处。第一点，"獾"的初始位置x坐标为-100，这使得它开始进攻时的位置距离城堡更近一些，也更加危险。第二点，"獾"每次移动的距离是"难度系数"的6倍，它的速度更快，攻击力也更强。第三点，虽然"獾"更危险，但克隆它的时间间隔随机范围更大（以0.1 ～ 10之间的一个随机秒数为间隔时间），也就是说，"獾"出现的频度没有"吃人兽"那么高。第四点，射中"獾"的得分为15分，比射中"吃人兽"高5分。最后，当玩家总得分达到150分，它会广播"飞龙出动"消息，召唤更加厉害的攻击伙伴"飞龙"。

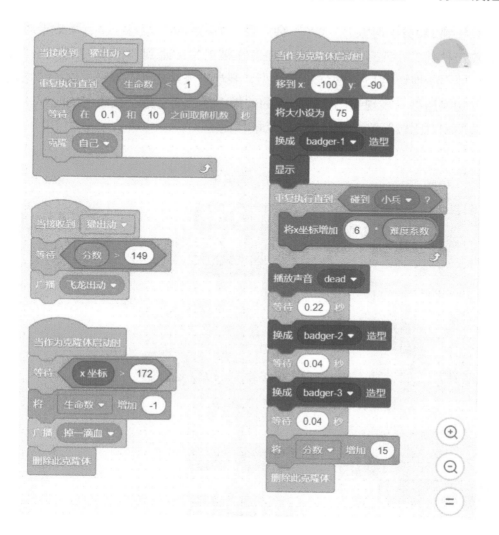

3. "飞龙"角色

选中"飞龙"角色,编写代码,一共有5段代码,如下图所示,其中大部分代码的逻辑在前面已经介绍过了,这里就不再重复。还是着重强调一些差异之处。第一点,"飞龙"的初始位置在舞台的左上方,它的攻击轨迹是从天而降冲向城堡,因此,在"飞龙"移动攻击的时候,其x坐标和y坐标都要按照不同的幅度改变。第二点,克隆"飞龙"的时间间隔随机范围更大(0.5 ~ 15秒之间),也就是说,它出现的频度比"吃人兽"和"獾"都要低。第三点,射中"飞龙"的难度更大,当然得分更高,为20分。第四点,当总分数达到250分的时候，"飞龙"会广播"小鸡出动"消息，来召唤更难对付的攻击伙伴"小鸡"。最后一点，注意在被射中（碰到"小兵"）之前，"飞龙"要不断地切换1号造型和2号造型，表现出飞翔的动态效果，这和"吃人兽"切换造型来表现嘴巴一张一合的效果一样，而"獾"在攻击的时候，由于造型相对比较简单，是没有这段功能代码的。

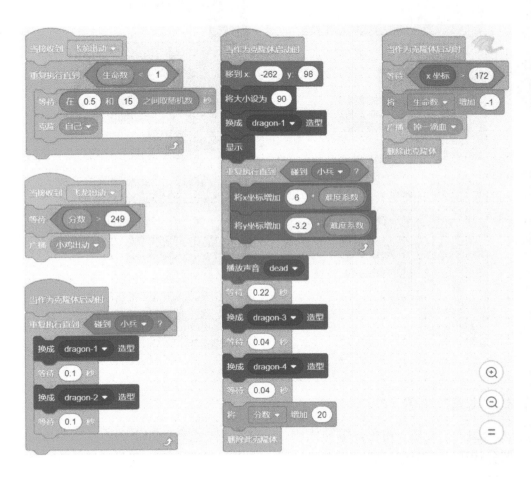

4. "小鸡"角色

选中"小鸡"角色，编写代码，一共有5段代码，如下图所示。我们还是着重强调其中的一些不同之处。

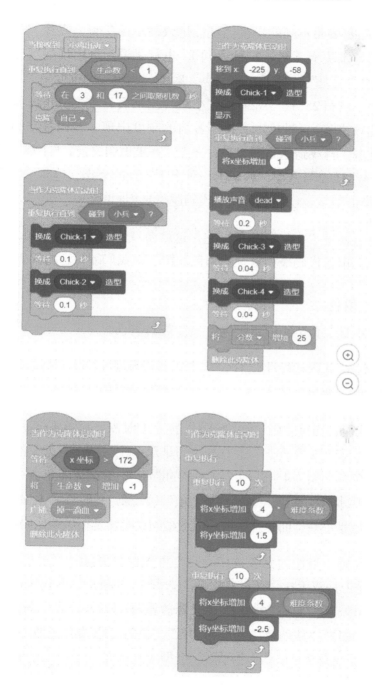

第一点，"小鸡"角色的初始位置在舞台的左下方，它沿着一种起起伏伏、跃进式的攻击轨迹冲向城堡，因此，在"小鸡"移动攻击的时候，x坐

标和y坐标都要按照不同的幅度循环性地改变。第二点，克隆"小鸡"的时间间隔随机范围更大（3 ~ 17秒之间），也就是说，它出现的频度比"吃人兽""獾"和"飞龙"都要低。第三点，射中"小鸡"的难度更大，得分也更高，一旦射中就得25分。第四点，"小鸡"出动后，攻击队伍就凑齐了，不再有其他的攻击者，4种攻击者按照各自的频度出现，按照各自的进攻路线一同发起攻击，游戏到达高潮。最后一点，在被射中之前，"小鸡"也要不断地切换1号造型和2号造型，表现出一种上下跳跃的姿态，这与"吃人兽"和"飞龙"切换造型来表现攻击姿态的代码逻辑是相同的。

守方角色就是"小兵"角色，它是这款游戏当之无愧的主角，是玩家所操控的角色，也是代码最为复杂的角色。接下来我们编写它的代码。

5. "小兵"角色

选中"小兵"角色，编写代码，一共有4段代码。

第1段代码负责初始化工作，当点击绿色旗帜按钮的时候，隐藏角色，将"箭的速度"变量设置为25，将"移动箭"设置为"否"。

第2段代码，当接收到"开始游戏"消息的时候，将角色移动到城堡上相应的位置并切换为2号造型（这里放置的是双手拉弓还没有射箭的造型），然后，克隆角色并切换为4号造型（这是箭的造型），继续克隆角色并切换1号造型（这是小兵本身的造型），最后显示角色（注意，此时城墙上显示的是真正的角色，造型是小兵，而手持弓箭和箭造型的克隆体是在后续代码中显示的）。

第3段代码，当作为克隆体启动时，首先检查克隆体当前的造型编号是否是2（即是否是双手拉弓还没有射箭的造型），如果是，重复执行一个循环，在这个循环中，等待玩家按下鼠标又释放鼠标的动作（表示玩家要射出箭了），此时，如果"移动箭"变量为"否"，就将克隆体的造型（注意，前面的判断保证了这是2号造型）换成3号造型（也就是双手射出箭的造型），等待0.1秒后，切换回2号造型。这段代码的作用，就是当玩家射箭的时候（按下鼠标又释放鼠标），通过切换造型实现小兵射箭的动画效果。

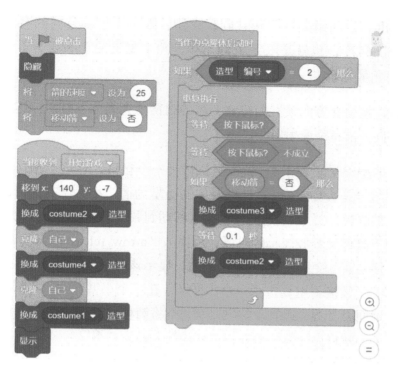

第4段代码比较复杂，主要负责瞄准方向和完成将箭射出的任务，如下页图所示，这也是"小兵"角色完成一系列关键动作的代码，也是读者理解上的难点和重点。

当作为克隆体启动的时候，等待1秒，先判断造型编号是否等于2，如果是就显示该克隆体，然后开始重复执行一个循环。在这个循环中，将克隆体移到最前面，面向鼠标指针的方向，开始判断克隆体方向（表现为弓箭指向的方向，实际上也就是玩家鼠标指针的方向）是否小于-150度或大于50度，如果满足任意一个条件，就将射箭方向调整为

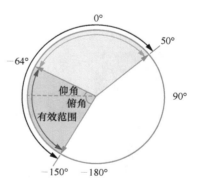

-150度。这个条件判断，实际上限定了玩家向下俯射的角度不能小于-150度。接下来，继续判断射箭方向是否在-64度～50度之间，如果在这个范围内，就将其调整为-64度。这个条件判断限定了玩家向上仰射的角度不能

大于−64度。这两组条件判断共同起作用，限定了射箭方向的有效范围在−150度到−64度，也就是限定了仰角和俯角（见上图）的范围（仰角最大26度，俯角最大60度）。

最后，将瞄准方向设置为符合要求的射箭（克隆体）方向。这就调整好了射箭方向，准备将箭射出了。

如果造型编号不等于2，就重复执行另一个循环，在这个循环中，首先判断造型编号是否为4（也就是克隆体的造型为箭，小兵化身为箭，以身杀敌，多么神奇啊！），如果是的，就将其移动到城一楼的位置，搭弓待放，等到玩家按下鼠标又释放鼠标的时候，就播放"arrow_release"声音表示放箭，并且将"移动箭"变量设为"是"。然后，显示该克隆体（即箭）并使其面向"瞄准方向"，紧接着重复执行一个小循环，在这个小循环中，不断检测箭是否碰到了地面或者舞台边缘，如果没有，就将箭移动"箭的速度"那么多步，如果碰到了，就将克隆体隐藏并将"移动箭"设为"否"。

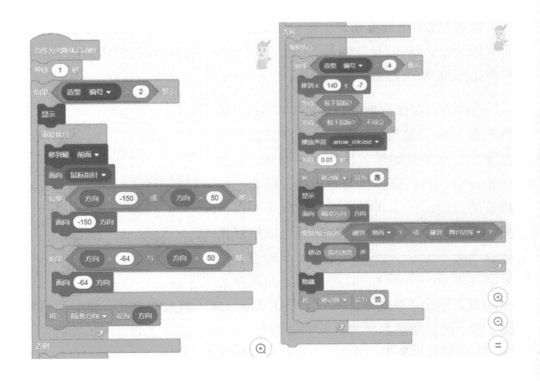

第7步 编写背景代码

选中背景，编写代码，只有一段代码。当点击绿色旗帜按钮的时候，广播"加载游戏"消息，然后开始重复执行一个循环，不断地播放背景音乐。

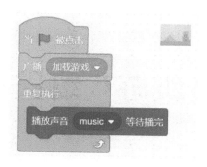

爸爸：好了，这款"保卫城池"游戏终于编写完了！快来尝试玩玩，看你最高能得到多少分。

涨涨：爸爸，虽然游戏的代码很多，但这款游戏真有趣，我觉得很好玩啊！

爸爸：是吗？你喜欢就好！

涨涨：我射獾，我射得欢……

爸爸：唉，我仿佛看到了鲁迅先生笔下的"少年闰土"！

第 7 章
高级游戏编程——扫雷

爸爸：涨涨，你听说过"扫雷"吗？

涨涨：嗯，老师给我们讲过扫雷英雄杜富国的故事，很感人。

爸爸：我说的是"扫雷"游戏！

涨涨：我还真没听说过。

爸爸：今天我们来用Scratch 3.0编写这款"扫雷"游戏，借此向英雄致敬！

游戏简介和基本玩法

《扫雷》是一款经典的大众益智类游戏。其历史最早可以追溯到1973年，但是，其真正的流行却始于20世纪80年代。1981年，微软公司的两位工程师在Windows 3.1系统上加载了该游戏，《扫雷》游戏才正式在全世界推广开来。在大多数PC用户使用Windows操作系统的初期，图形化的游戏相对比较少，《扫雷》游戏曾经伴随一代人渡过了美好的时光。

这款游戏的玩法是在一个10行×10列（或者更大）的方块矩阵中随机布置一定量的地雷。玩家使用鼠标，逐个点击并翻开方块，以找出所有地雷为最终游戏目标。如果玩家翻开的方块有地雷，则"地雷"爆炸，游戏结束。

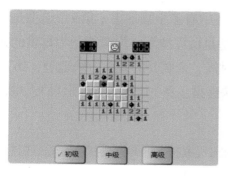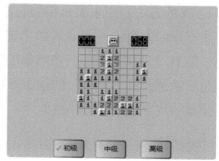

如果玩家翻开的方块下没有地雷，游戏会在该方块上显示一个数字，这个数字表示与该方块相邻的方块内有几颗地雷（如果这个方块在角上，这个范围是和该方块相邻的3个方块；如果这个方块在边缘，这个范围是和该方块相邻的5个方块；如果这个方块既不在角上也不在边缘，则这个范围是和该方块相邻的8个方块）。如果玩家通过提示数字猜到某个方块下是地雷，可以按下空格键，标识出所找到的地雷。玩家顺利且正确地找到所有的地雷，游戏结束，玩家获胜。

游戏编写过程

第1步 添加背景和角色

游戏的背景就是一个简单的灰色背景。游戏用到的角色有6个，分别是"地雷""图标""计数器""初级""中级"和"高级"。背景和角色都需要从配套素材文件中导入。

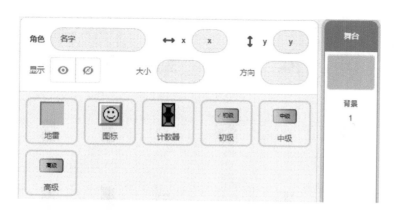

"地雷"角色一共有13个造型，其中，前8个造型分别是点开的、带有

数字1到8的方块，用来表示相邻的方块中有多少颗地雷；第9个造型是初始的、未点开的方块的造型；第10个造型是玩家按下空格键标记为地雷的方块造型；第11个造型是最后公布结果的时候，未翻开的地雷方块造型；第12个造型是玩家翻开的"爆炸"的地雷方块造型；第13个造型是翻开后无地雷也不需要显示数字提示的方块造型。

"图标"角色一共有5个造型，分别向玩家提示不同的游戏状态。通过切换"开心1"和"开心2"造型，可以看出鼠标点击该角色的效果。当玩家点开方块的时候，会短暂地切换为"吃惊"造型，以该效果提示玩家正在扫雷操作。如果玩家翻开地雷，会切换为"失败"造型，表示玩家失败，游戏结束；如果玩家顺利找到所有地雷，会切换为"胜利"造型，表示玩家胜利，游戏结束。

"计数器"角色一共有10个造型，分别对应数字0～9的形态。"计数器"执行两项任务，即显示剩余的未标记地雷数和游戏持续进行的秒数。

"初级""中级"和"高级"这3个角色表示按钮，每个角色都有两个造型，分别表示没有选中状态和选中状态。它们的造型比较简单，这里就不再展示了。

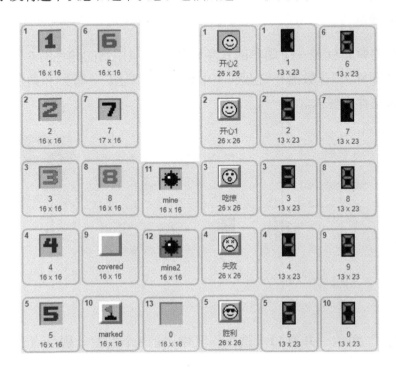

第2步　创建和设置变量和列表

游戏用到的变量较多，可以分为两大类：适用于所有角色的变量和仅适用于某个角色的变量。变量类型、名称和说明如表7-1所示。

表7-1　"扫雷"游戏用到的变量和列表

变量类型	变量名称	说明
适用于所有角色的变量	行数	记录一共有多少行方块，当玩家选中游戏难度级别的时候，会设置相应的行数和列数（"初级"为10行×10列，"中级"为16行×16列，"高级"为16行×30列）
	列数	记录一共有多少列方块，当玩家选中游戏难度级别的时候，会设置相应的行数和列数（"初级"为10行×10列，"中级"为16行×16列，"高级"为16行×30列）
	地雷数量	记录一共有多少颗地雷，当玩家选中游戏难度级别的时候，会设置地雷数量（"初级"为10颗，"中级"为40颗，"高级"为99颗）
	未标记地雷数量	记录没有被玩家标记出来的地雷数量（注意，玩家标记的不一定都对，因此，未标记地雷数量 不一定是实际剩余的地雷数量）
	点击次数	玩家点击了方块多少次
	用时	游戏持续进行的时间
	选中的方块	记录玩家鼠标选中的方块的编号（鼠标移动到该方块上，即为选中）
	删除克隆体	当选择游戏难度级别的时候，用于确定是否需要删除"计数器"的克隆体
仅适用于"地雷"角色的变量	相邻雷的数量	该方块相邻的方块中地雷的数量（注意，方块在角上、边缘和其他情况时，相邻的方块个数分别为3个、5个和8个）
	第几行	表示选中方块的行编号
	第几列	表示选中方块的列编号
	项目	填充地雷列表时的临时变量
仅适用于"计数器"角色的变量	第几位数	表示是计数器的第几位
	类型	表示是用于未标记地雷数的计数器还是游戏用时的计数器
列表	地雷列表	标记地雷所在方块的位置的列表
	方块列表	标记所有方块位置的列表

第3步 编写"地雷"角色代码

"地雷"角色是这款游戏的主角，我们首先来看它的代码。选中"地雷"角色，编写代码。

第1段代码

这段代码是一个自制积木，名为"初始化列表"，这段代码的作用就是初始化"地雷列表"和"方块列表"。

首先是删除"地雷列表"的全部项目。然后重复执行一个循环"列数×行数"次，在这个循环中，把0添加到"地雷列表"的每一项中。这里，用0表示没有地雷。通过这个循环，我们就创建了一个列表，它的项目和方块的总数相同，初始化的时候，其中是没有标记地雷的。

接下来，我们要把地雷随机地"埋入""地雷列表"的对应项中。重复执行一个循环，循环次数就是"地雷数量"。然后我们从1到"地雷列表"的项目数之间随机取一个数字，并且将这个数字赋值给临时变量".项目"。然后再次重复执行一个循环，直到"地雷列表"中的第".项目"项为0才会跳出循环，如果不为0，说明该项中已经埋了一颗"地雷"，那就再次从1到"地雷列表"的项目数之间随机取一个数字。当地雷列表中的第".项目"项为0，说明找到了一个空的、可以"埋雷"的方块，将该项的值设为1，表示这里"埋入"了一颗地雷。

然后删除"方块列表"的全部项目，接下来重复执行一个循环"列数 × 行数"那么多次，在这个循环中，将9加入"方块列表"中。在后面的代码中，我们会使用"方块列表"中的值所对应的"地雷"角色造型来填充方块，注意，"地雷"角色编号为9的造型表示方块是盖住的，这是还没有开始扫雷时的初始状态。

第2段代码

这段代码也是一个自制积木，名为"绘制地图"，它的任务是绘制出扫雷地图的状态。

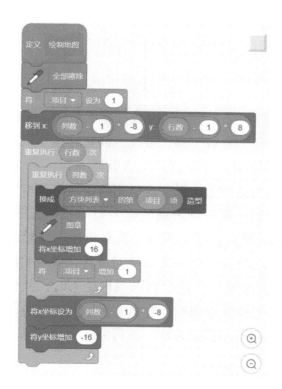

首先调用"全部擦除"积木来清空舞台上所画的轨迹。然后将临时变量".项目"设置为1。接下来将x坐标设置为"（列数－1）×（－8）"，y坐标设置为"（行数－1）×8"。这里是先要确定地雷地图的最左上角的方块的中心点的坐标值，因为每个"地雷"造型的大小是16×16，而我们要将地图的中心放置于坐标（0,0）的位置。因此，根据"列数"和"行数"可以计算出左上角的方块的中心点的坐标值，其x坐标就是"（列数－1）×（－8）"，y坐标就是"（行数－1）×8"，可以参见下图。这个坐标计算公式后面还会用到。

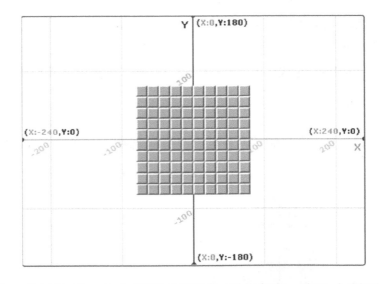

然后，重复执行一个大循环"行数"那么多次，在这个循环中，再次重复执行一个小循环"列数"那么多次。嵌套的循环就是为了绘制行中每个方块。在内部循环中，首先把角色造型切换为"方块列表"的第".项目"项的值所对应的造型（注意，这里用这个值来获取对应编号的地雷造型，而初始化的时候，所有列表项的值为9，对应的是覆盖的、尚未开始扫雷的地雷造型），然后使用"图章"将角色的造型绘制到舞台上。然后将x坐标加16，表示向右移动一个方块的位置，并且将临时变量".项目"加1，为下次循环做准备。当这个内部循环结束时，我们就绘制好了一行的方块。然后将x坐标恢复到初始位置，y坐标减去16，表示下移一个方块的位置，开始绘制下一行的方块。执行完这一个积木，就会在舞台上绘制出当前的地雷地图状态。

第3段代码

这段代码还是一个自制积木，名为"定位选中的方块"，它的作用是根据鼠标的位置，判断选中的方块（地雷）。注意，在主程序逻辑中，执行这个积木的前提是鼠标位于"地雷"阵的范围之内。

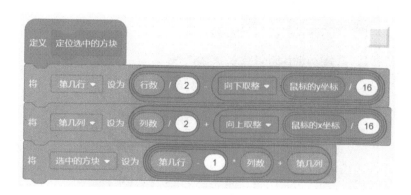

由于"地雷"阵的行是从上往下排列的，一半的行在舞台中央的上半部分，一半的行在舞台中央的下半部分。用"行数"除以2再减去当前鼠标有几个方块的高度（16），就可以求出鼠标选中的方块在第几行，而用鼠标的y坐标除以16，并且向下取整，就可以得到从原点到当前鼠标位置有几个方块的高度。

"地雷"阵的列是从左往右排列的，一半的列在舞台中央的右半部分，一半的列在舞台中央的左半部分。用"列数"除以2再加上当前鼠标有几个方块的宽度（16），就可以求出鼠标选中的方块在第几列。用鼠标的x坐标除以16，并且向上取整，就可以得到从原点到当前鼠标位置有几个方块的宽度。

因此，对于选中的方块，它在列表中的项数就是用它所在的行减1然后乘以"列数"，再加上其所在的列数。

第4段代码

这段代码是一个自制积木，名为"挖雷"，它有一个叫作"目标"的参数。这个积木的任务是，根据目标（即选中的方块），判断挖到的是"雷"还是安全的方块。

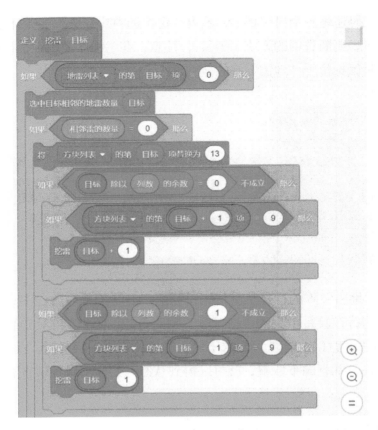

首先判断"地雷列表"的第"目标"项是否为 0。如果为 0，表示不是地雷；否则表示是地雷。

如果不是地雷，调用"选中目标相邻的地雷数量"（这也是一个自制积木，后面会详细介绍它），并且把"目标"作为参数传递给这个积木。"选中目标相邻的地雷数量"会计算和"目标"相邻的地雷数量，并将其赋值给变量".相邻雷的数量"。

然后判断变量".相邻雷的数量"是否等于 0。如果等于 0，表示相邻的方块没有地雷；否则，需要把相邻地雷的数量表示出来（用带有相应数字的"地雷"造型）。如果周围没有地雷，那么首先要把"方块列表"中的第"目标"项替换为 13，编号 13 的造型显示方块上没有数字，即它的相邻位置都没有地雷。

　　然后判断"目标除以列数的余数"是否为0，如果不成立，表示这不是最右边的方块，也就是说，其右边还有方块，那么继续判断其右边方块是否还没有挖开，也就是判断"方块列表"中的第"目标＋1"项是否等于9，如果是，表示这个方块还没有挖开，那么以"目标＋1"为参数调用"挖雷"，继续向右边挖雷。

　　接下来判断"目标除以列数的余数"是否为1，如果不成立，表示这不是最左边的方块，也就是说，其左边还有方块，那么继续判断其左边方块是否还没有挖开，也就是判断"方块列表"中的第"目标－1"项是否等于9，如果是，表示这个方块还没有挖开，那么以"目标－1"为参数调用"挖雷"，继续向左边挖雷。

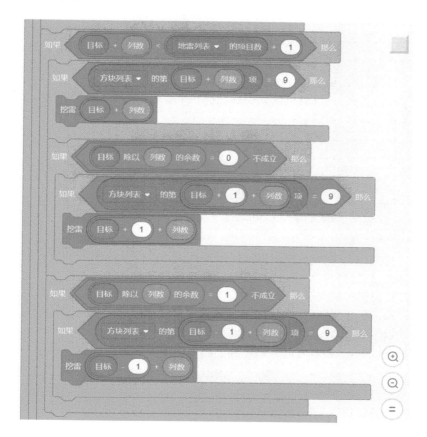

和上面的算法类似，我们还要继续判断"目标"的正下方（第"目标+列数"项，就是"目标"正下方的方块）、右下方（第"目标+1+列数"项，就是"目标"右下方的方块）和左下方（第"目标−1+列数"项，就是"目标"左下方的方块）的方块是否挖开，如果没有挖开，那么同样会调用"挖雷"，但是，每次调用的时候所用的参数不同，代码如上图所示。

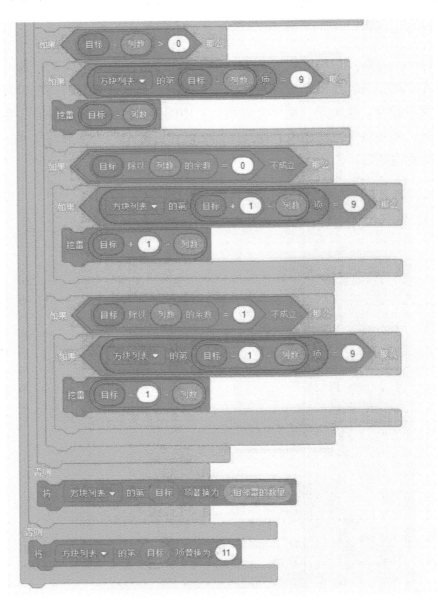

　　然后，我们再继续判断"目标"的正上方（第"目标-列数"项，就是"目标"正上方的方块）、右上方（第"目标+1-列数"项，就是"目标"右上方的方块）和左上方（第"目标-1-列数"项，就是"目标"左上方的方块）的方块是否挖开，如果没有挖开，还是调用"挖雷"，但是每次调用时候的参数不同，代码如上图所示。

　　如果"目标"周围有地雷，那么把"方块列表"的第"目标"项替换为".相邻雷的数量"，以便随后在"绘制地图"的时候，能够使用对应编号的造型来提示玩家相邻的方块中共有几颗地雷。

　　如果"地雷列表"的第"目标"项目不为0，说明"目标"中有地雷，那么将"方块列表"的第"目标"项替换为11，这个编号对应的造型表示这是一颗地雷。

小贴士

你是否注意到，在"挖雷"积木之中，还多次调用了"挖雷"。像这样，一个积木（函数）直接或间接调用积木（函数）本身的情况，有一个专门的术语来表示，这就是"递归"。你可以把递归想象成一种玩具，就像是俄罗斯套娃，一个大套娃中，装着一个样式一模一样的小套娃，层层嵌套，叠放在一起。

第5段代码

这段代码是一个自制积木，名为"选中目标相邻的地雷数量"，它有一个叫作"目标"的参数。这个积木的作用是根据"目标"（选中的方块），判断相邻的方块中有几颗雷。

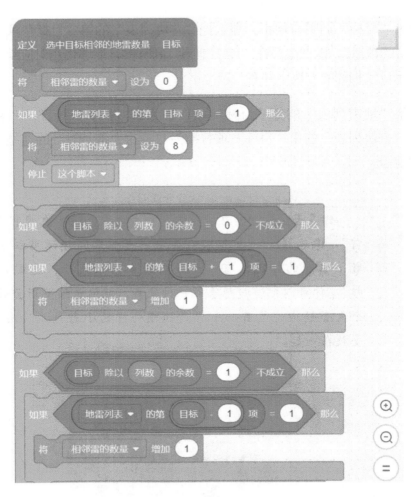

首先将变量".相邻雷的数量"设置为0，然后判断"地雷列表"的第"目标"项是否为1，如果是，表示挖到的是地雷，那么将变量".相邻雷的数量"设置为8，表示玩家挖下去引爆了一颗"地雷"，随后停止这个脚本，就不再执行后面的代码。

如果上述条件不成立，继续判断"目标"右边是否是地雷，如果是，要将变量".相邻雷的数量"加1；继续判断"目标"左边是否是地雷，如果是，要将变量".相邻雷的数量"加1。

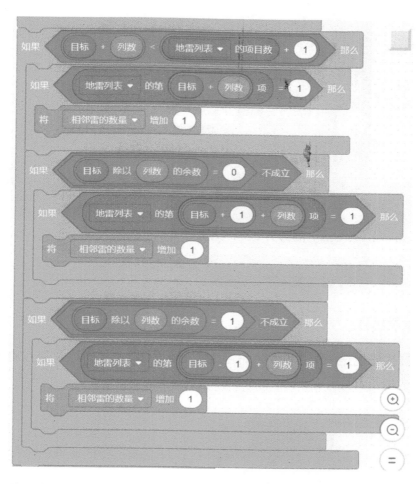

还需要依次判断"目标"的正下方（第"目标+列数"项）、右下方（第"目标+1+列数"项）和左下方（第"目标−1+列数"项）是否是地雷，如果是，要将变量".相邻雷的数量"加1。

继续判断目标正上方（第"目标−列数"项）、右上方（第"目标+1−列数"项）和左上方（第"目标−1−列数"项）是否是地雷，如果是，要将变量". 相邻雷的数量"加1。

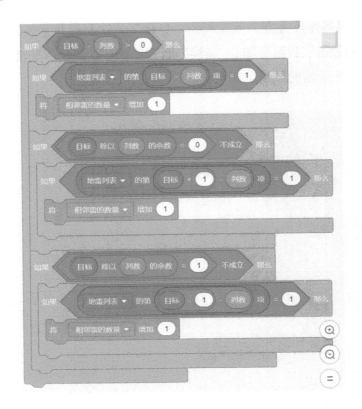

第 6 段代码

这段代码也是一个自制积木,名为"展示所有地雷"。这个积木的作用是将所有的地雷都翻开。

首先初始化临时变量".项目",将其设置为1。然后重复执行一个循环"地雷列表"的项目数那么多次。在这个循环中,判断"地雷列表"的第".项目"项是否等于1,如果是,表示这是地雷,那么将方块列表中的第".项目"项设置为11,该编号对应的造型表示这是地雷。然后将".项目"加1,开始下一次循环。循环结束后,将"方块列表"中的第"选中的方块"项替换为12,编号为12的造型表示这是被玩家触碰引爆的地雷。

第7段代码

这段代码是主程序,负责调用各个自制积木,完成挖雷的主要逻辑。

当接收到"开始新的游戏"消息的时候,将变量"地雷数量"赋值给变量"未标记地雷数量",表示刚开始玩家还没有标记出一颗地雷。然后,调用"初始化列表"来初始化"地雷列表"和"方块列表"。调用"绘制地图",绘制出最初的"地雷"阵。

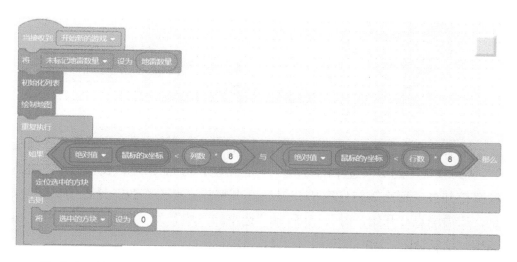

接下来重复执行一个循环来检测玩家的动作。首先判断x坐标的绝对值是否小于"列数*8"并且y坐标的绝对值小于"行数*8"。如果满足这个条件,表示鼠标在有效范围内(在"地雷"阵中),调用"定位选中的方块";否则,将变量"选中的方块"设置为0,表示鼠标位置并不在有效的范围之内。

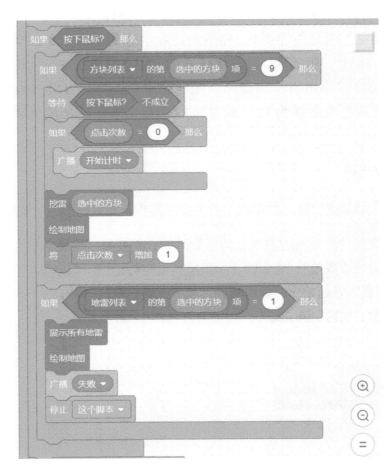

如果鼠标在有效范围之内，继续判断是否"按下鼠标"。如果是，判断"方块列表"中的第"选中的方块"项是否等于9。如果是，表示这个方块还没有挖开过。那么等待玩家松开鼠标，再判断"点击次数"是否为0，如果是，广播消息"开始计时"。然后以"选中的方块"为参数调用"挖雷"，再调用"绘制地图"，并且将"点击次数"加1。

然后继续判断"地雷列表"的第"选中的方块"项是否等于1。如果是，表示玩家点击的这个方块下有雷，那么调用"展示所有地雷"，然后调用"绘制地图"。接下来，广播消息"失败"，并且停止这个脚本，不再执行后面的代码。

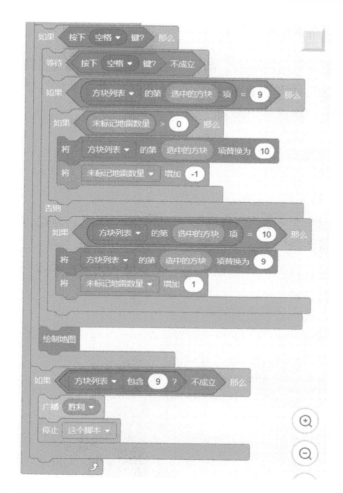

如果玩家没有按下鼠标并松开鼠标，就继续判断玩家是否按下了"空格"键。如果是，等待玩家松开"空格"键，这表示玩家要标记他所找到的地雷。首先判断"方块列表"的第"选中的方块"项是否等于9，如果是，表示这个方块没有挖开过并且没有被标记为地雷。然后判断变量"未标记地雷数量"是否大于0，如果是，表示还可以继续标记地雷，就将方块列表的第"选中的方块"项替换为10（这是标记为地雷的造型）。将变量"未标记地雷数量"减1。

如果"方块列表"的第"选中的方块"项不等于9，那么继续判断"方块列表"的第"选中的方块"项是否等于10，如果满足条件，表示玩家认为这个方块曾经被自己错误地标记为地雷了，他现在要取消标记以进行修正，那么将"方块列表"的第"选中的方块"项替换为9，表示取消地雷标记。

将变量"未标记地雷数量"加1。

执行完上述一系列判断后，调用"绘制地图"，刷新地雷阵的状态。最后判断"方块列表"中是否还包含9，如果不是，表示全部方块都被挖开或标记为地雷，那么广播消息"胜利"，停止这个脚本。

第4步 编写其他角色代码

1."图标"角色

选中"图标"角色，编写代码。一共有6段代码，但逻辑比较简单。其主要作用是负责广播"开始新的游戏"消息、初始化"用时"、处理"胜利"和"失败"消息，以及当点击鼠标的时候变换不同造型来提示玩家。这里不再详细解读代码。

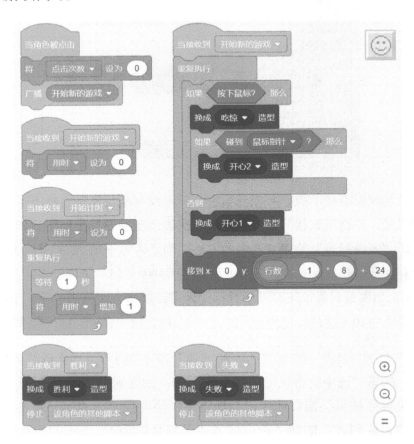

170

2. "计数器"角色

选中"计数器"角色,编写代码,一共有5段代码。

第1段代码

这段代码是自制积木,名为"创建计数器"。这个积木的作用是创建用来标识剩余地雷数量和玩家用时多久的计数器。

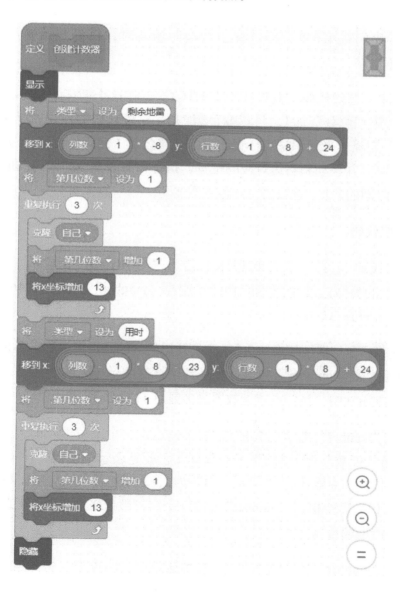

首先显示角色。然后将变量".类型"设置为"剩余地雷"。将角色移动到指定位置，x坐标和绘制"地雷"的起始坐标一致["（列数-1）*（-8）"]，y坐标和"图标"角色的y坐标保持一致["（行数-1）*8+24"]。然后将变量".第几位数"设置为1。注意，在创建这个".类型"变量和".第几位数"变量的时候，将它们设置为仅适用于"计数器"角色，当在后面克隆角色的时候，角色的每一个克隆体都有一个".类型"变量和".第几位数"变量，而且每一个克隆体的变量都保持不同的值。我们在第6章介绍"保卫城池"游戏时，已经开始使用这种类型的变量了。

接下来，这段代码重复执行一个循环3次，在这个循环中，每次克隆自己，将".第几位数"加1，将x坐标增加13。这段代码的作用就是创建3个"计数器"克隆体来记录没有标记出来的地雷数量。然后将变量".类型"设置为"用时"并移动到右边对应的位置，执行和前面类似的代码，创建用于记录扫雷时间的3个"计数器"角色克隆体。

第2段代码

这段代码也是一个自制积木，名为"变换造型"，它有一个叫作"number"的参数。这个积木的功能是根据"number"的内容来切换造型，也就是显示对应的数值。

首先将角色的造型切换为0（注意，这里使用的是造型名称，不是造型编号）。然后判断"number"的字符数是几个，这表示传入的参数是一个几位数。在这款游戏中，我们设置计数器最多显示3位数。

如果"number"的字符数是1，表示是这是一个一位数，那么满足条件变量".第几位数"等于3的那个克隆体（也就是表示个位数的那个克隆体，而表示十位数的克隆体的".第几位数"为2，表示百位数的克隆体的".第几位数"为1），需要根据"number"的第1个字符数值来变换造型（注意，这里使用了造型编号）。

如果"number"的字符数是2，表示这是一个两位数，那么满足条件变量".第几位数"等于2或3的那两个克隆体（分别是表示十位数的克隆体和表示个位数的克隆体），需要变换相应的造型。如果"number"的字符数是3，表示是这是一个3位数，那么表示百位数、十位数和个位数的3个克隆体，都需要变换造型。

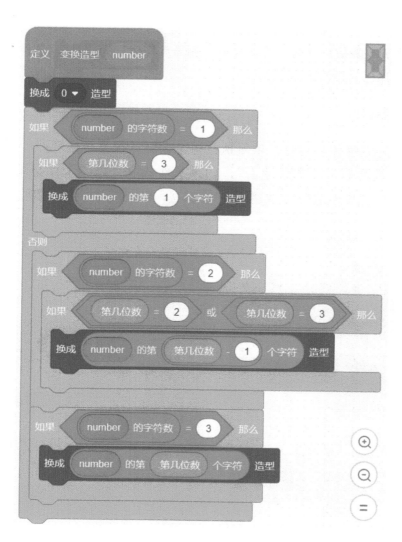

第3段代码

当接收到"开始新的游戏"消息的时候，首先将变量"删除克隆体"设置为"是"。然后等待0.01秒后,将变量"删除克隆体"设置为"否"。这个操作的目的是,在创建新的"计数器"克隆体之前,先把以前的克隆体都删除掉。然后调用"创建计数器"积木,来生成"计数器"克隆体,分别标识剩余地雷的数量和用时。

第4段代码

当作为克隆体启动时,等待变量"删除克隆体"为"是",条件成立就删除这个克隆体。

第5段代码

当作为克隆体启动时,重复执行一个循环。在这个循环中,判断变量".类型"是否等于"剩余地雷",如果条件成立,以"未标记地雷数量"为参数调用"变换造型"。如果条件不成立,以"用时"为参数调用"变换造型"。

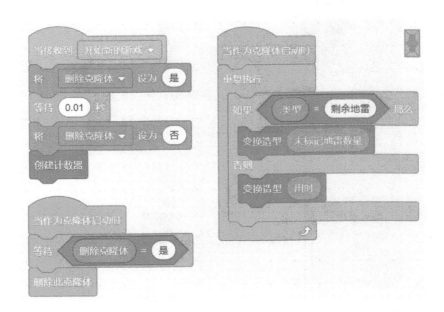

3."初级"角色

选中"初级"角色,编写代码,一共有4段代码。

第 1 段代码

当该角色被点击的时候，切换为 1 号造型，也就是被选中的造型，广播"选择初级"消息。

第 2 段代码

当接收到"选择初级"消息的时候，换成被选中的造型，设置初级难度相应的"行数""列数"和"地雷数量"，将"点击次数"设置为 0，广播"开始新的游戏"消息。

第 3 段代码

当接收到"选择中级"消息的时候，设置为"初级未选中"造型。

第 4 段代码

当接收到"选择中高级"消息的时候，设置为"初级未选中"造型。

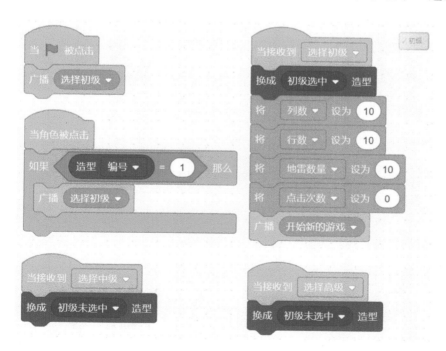

"中级"角色和"高级"角色的代码和"初级"角色的代码基本相同，只

是设置的"行数""列数"和"地雷数量"不同，这里就不再赘述。

爸爸：好了，这款"扫雷"游戏编写完了，你可以试着玩玩了。这款游戏玩起来有点"烧脑"啊！

涨涨：唉，这么多代码，这款游戏编写起来就够"烧脑"的了！

爸爸：只要理解了通过行列计算坐标和不同位置的方块编号的算法，编写这款"扫雷"游戏就没那么难了。

Chapter 8

第 8 章
高级游戏编程——超级马里奥

爸爸：涨涨，你听说过"超级马里奥"吗？

涨涨：我在游戏机上玩过，挺有意思的啊！

爸爸：我们今天用Scratch 3.0编写一款"超级马里奥"游戏怎么样？

涨涨：那可真是太棒了！

游戏简介和基本玩法

《超级马里奥兄弟》是日本任天堂公司在1985年发布的一款电子游戏。三十五年来，马里奥陆续出现在数十款游戏中，成为了最成功的游戏角色之一。直到今天，《超级马里奥兄弟》仍然是任天堂的Switch游戏机中的主打游戏之一。

我们要用Scratch 3.0编写的这款"超级马里奥"游戏，就模仿了最早的《超级马里奥兄弟》的一小部分功能和场景。这款游戏的界面如下图所示。

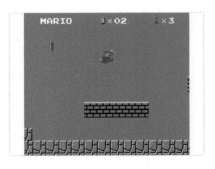

游戏的玩法很简单，玩家使用"向左"和"向右"方向键操控小人"马里奥"在舞台上从左向右行走。"马里奥"通过"向上"键可以实现跳跃动作，从而捡到空中的金币，同时，它要躲开或者踩死敌人"蘑菇怪"，还要避免掉入深渊中。最后，"马里奥"要跳到一个旗杆上，把旗帜降下来，从而顺利过关。如果在行进的过程中，被"蘑菇怪"碰到或者掉进深渊，就会丢掉一条生命。玩家一共有3条生命，当所有生命都丢掉的时候，游戏就以失败而告终。

游戏编写过程

第1步 添加背景

这款游戏用到了一个蓝色背景，可以从配套素材文件中导入。

第2步 添加角色

这款游戏用到的角色比较多，一共有20个，都需要从配套素材文件中导入。角色和造型比较多，但是大致可以分为运动游戏角色、静止游戏角色和静止功能角色三大类。为了便于读者了解和掌握，这里以表格形式加以说明，参见表8-1。

表8-1 "超级马里奥"游戏的角色

类型	角色名称和代表造型	造型数和大小	作用和说明
运动游戏角色	马里奥 马里奥	12个造型，大小为32×32	游戏主角，由玩家控制。通过"向左""向右"和"向上"方向键控制移动和跳跃造型的切换，表示"马里奥"向左或向右行走、奔跑，向上跳起、落下，骑上旗杆摘到旗帜，以及死亡时掉落等不同形态

续表

类型	角色名称和代表造型	造型数和大小	作用和说明
运动游戏角色	蘑菇怪	3个造型，大小为32×32	游戏中的敌对角色，可在一定范围来回移动。碰到"马里奥"可以导致"马里奥"被击中死去，"马里奥"可以通过跳跃踩死"蘑菇怪"。造型切换展现"蘑菇怪"移动和被踩死的形态
静止游戏角色	旗杆	1个造型，大小为16×208	静止，悬挂"旗帜"
	旗帜	1个造型，大小为32×32	静止，"马里奥"摘到"旗帜"后，"旗帜"和"马里奥"一起移动到地面，玩家顺利过关
	墙A	1个造型，大小为160×4	地面上的墙，"马里奥"和"蘑菇怪"在其上移动
	墙B	1个造型，大小为32×40	竖立的墙，"马里奥"可以跳跃到其上，"蘑菇怪"无法通过
	墙C	1个造型，大小为96×40	浮现在空中的墙，"马里奥"可以跳跃到其上，并借助它跳到其他的"墙C"或"旗杆"上
	墙D	1个造型，大小为32×32	闪烁的墙，出现时"马里奥"可以站在其上
	墙E	1个造型，大小为160×4	和"墙C"功能相似，比"墙C"更长
	管子A	1个造型，大小为64×64	竖立，"马里奥"可以跳跃到其上，有的管子还可以钻过；但"蘑菇怪"无法通过管子
	金币	4个造型，大小从2×28到16×28不等	悬浮在空中，"马里奥"通过跳跃可以捡拾"金币"，得到的"金币"数作为游戏成绩记录；通过4个造型的切换，表现出"金币"闪烁发光的样子

续表

类型	角色名称和代表造型	造型数和大小	作用和说明
静止功能角色	开始界面	1个造型，大小为348×274	游戏开始时显示，显示游戏名称，提示如何开始游戏
	左右边框	1个造型，大小为480×360	放在图层最前，起到游戏遮幕的作用，左右各有40个单位的白边，即将游戏窗口限制在400×360的大小
	金币图标	1个造型，大小为28×16	游戏过程中显示在屏幕上方，提示玩家当前所捡到的"金币"个数
	马里奥图标	1个造型，大小为30×16	游戏过程中显示在屏幕上方，提示玩家当前剩余的生命数
	游戏名称	1个造型，大小为78×14	游戏过程中显示在屏幕上方，提示玩家游戏名称
	马里奥数量	10个造型，大小为14×14	游戏过程中显示在屏幕上方，数字造型表示玩家当前剩余的生命数。由于"马里奥"最多有3条命，只有造型1～4会用到
	金币个位数	10个造型，大小为14×14	游戏过程中显示在屏幕上方，表示当前捡到的"金币"的个位数
	金币十位数	10个造型，大小为14×14	游戏过程中显示在屏幕上方，表示当前捡到的"金币"的十位数
	下一关	1个造型，大小为206×14	当玩家顺利过关的时候显示，提示即将进入下一关（由于这款游戏目前只有1关，该角色相当于提示游戏结束）

在这里，我们还需要认识一下"马里奥"和"蘑菇怪"的各个造型。这

些造型的切换，带来游戏角色生动的动画效果，给游戏平添了许多趣味。

"马里奥"一共有12个造型，1号造型表示角色静止站立向右看，2号造型表示角色静止站立向左看，3号造型表示向右跳起，4号造型表示向左跳起，5号造型表示向右行走，6号造型表示向右静止观察，7号造型表示向右奔跑，8号造型表示向左行走，9号造型表示向左静止观察，10号造型表示向左奔跑，11号造型表示"马里奥"死亡，12号造型表示摘到旗帜。

"蘑菇怪"的造型一共有3个，1号造型表示向右移动，2号造型表示向左移动，3号造型表示被踩死。

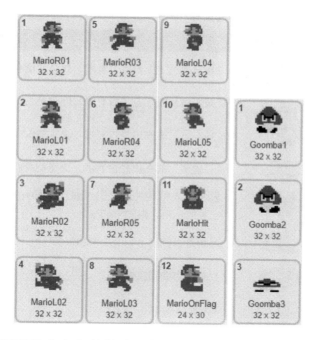

这款游戏用到的声音文件较多，都需要从配套素材文件中和角色一起导入，单独说明如下。

"马里奥"角色有4个声音，名为"跳起""击中马里奥""游戏结束"和"背景音乐"，分别在跳起、被击中、游戏结束的时候播放，以及作为整个游戏的背景音乐播放。

"蘑菇怪"有一个声音"踩死蘑菇怪"，在被"马里奥"踩死的时候播放。

"旗帜"角色有一个声音"顺利过关",在"马里奥"摘到旗帜的时候播放,表示玩家顺利过关。

"金币"角色有一个声音"捡到金币",在"马里奥"成功捡到金币的时候播放。

第3步 创建变量

这款游戏用到的变量较多,可以分为适用于所有角色的变量和仅适用于特定角色的变量两类。适用于所有角色的变量一共有18个,参见表8-2。

表8-2 "超级马里奥"游戏中适用于所有角色的变量

变量类型	变量名	作用
适用于所有角色的变量	上方有墙	"马里奥"的上方是否有墙,这个变量会影响到能否弹跳
	下方有墙	"马里奥"的下方是否有墙,即它是否站在墙上
	左方有墙	"马里奥"的左边是否有墙,决定能否向左运动
	右方有墙	"马里奥"的右边是否有墙,决定能否向右运动
	关卡	表示进入第几关,我们详细介绍第一关,然后会给出第二关的示例,供同学们参考
	完成关卡	判断是否完成了当前关卡的任务
	摘到旗帜	判断是否摘到旗帜
	旗杆X坐标	旗杆的 X 坐标
	旗帜Y坐标	旗帜的 Y 坐标
	是否移动	"马里奥"是否在移动
	游戏结束	游戏是否已经结束
	滚动距离	"马里奥"的相对移动距离。在这个游戏中,"马里奥"的 X 坐标是固定为0的,他的移动效果是通过移动其他角色实现的,这些角色移动多少,是根据这个滚动距离计算出来的

续表

变量类型	变量名	作用
适用于所有角色的变量	生命数	"马里奥"有几条生命，我们设置为3条生命
	移动方向	"马里奥"有两个移动方向：向左或向右
	被击中	表示"马里奥"被击中，将会死掉
	垂直速度	"马里奥"上下移动的速度
	重力加速度	该参数和垂直速度叠加，呈现出自由落体的效果
	金币	"金币"数量

适用于特定角色的变量参见表8-3。

表8-3 "超级马里奥"游戏中适用于特定角色的变量

变量名	适用角色	作用
击中延时	马里奥	击中计数器，决定"马里奥"被击中后，掉落的时间
移动计数		移动计数器，根据这个值，调整造型
状态	蘑菇怪	判断"蘑菇怪"是生还是死
移动方向		"蘑菇怪"向左还是向右移动，1表示向右，0表示向左
当前X位置		"蘑菇怪"出现时的x坐标位置，它是由变量 初始X坐标 和一个随机数构成的，表示初始位置是变化的
移动距离		"蘑菇怪"向左或向右最远移动距离
造型保留时间		控制多长时间切换造型
初始X坐标	旗杆、旗帜、蘑菇怪、墙A、墙B、墙C、墙D、墙E、管子A、金币	生成角色的初始x坐标
相对X距离		角色和"马里奥"的横坐标之间的距离
相对Y距离		角色和"马里奥"的纵坐标之间的距离

续表

变量名	适用角色	作用
播放音乐	旗帜	什么时候播放"顺利过关"音乐
激活状态	墙D	只有".激活状态"的值为"是"的时候才会显示克隆体,也就是说,"墙D"才会出现
激活计时器		用于决定什么时候修改".激活状态"的值
个位金币数	金币个位数	"金币"的个位数值
十位金币数	金币十位数	"金币"的十位数值

第4步 编写运动游戏角色的代码

运动游戏角色指的是在游戏过程中不断保持运动状态的角色,包括"马里奥"和"蘑菇怪",这也是游戏中代码逻辑最为复杂的两个角色。其中,"马里奥"是由玩家控制的角色,也是这款游戏当之无愧的主角,我们先来编写它的代码。

1. "马里奥"角色

第1段代码

这段代码是一个自制积木,名为"初始化变量"。通过它的名字,我们就可以知道,这个积木的作用是初始化各个变量,设置它们的值,如右图所示。

第2段代码

这段代码也是一个自制积木,名为"移动马里奥",当玩家按下"向

上""向左"和"向右"方向按键的时候,这段代码负责移动"马里奥"角色。

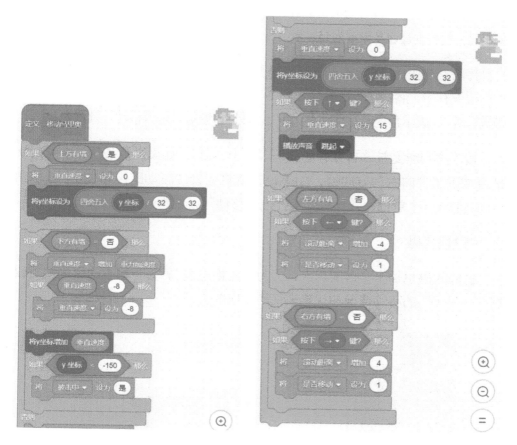

首先判断变量"上方有墙"是否等于"是",如果条件成立,表示"马里奥"的上方有墙,就将变量"垂直速度"设置为0,表示不能向上移动。然后将y坐标除以32的结果四舍五入后再乘以32。这段代码的功能是校准"马里奥"的y坐标,确保角色的位置是其高度的整数倍。

然后判断变量"下方有墙"是否等于"否",如果条件成立,表示"马里奥"的下方什么都没有,角色要往下落,就将变量"垂直速度"增加"重力加速度"的值。然后判断"垂直速度"是否小于-8,如果小于-8,则将其设置为-8,表示这是角色最大的下落速度。然后将y坐标增加"垂直速度",让角色开始下落,随后判断y坐标是否小于-150,如果小于-150,表示"马里奥"已经坠落悬崖,将变量"被击中"设置为"是"。

如果"下方有墙"不等于"否",表示"马里奥"当前正站在墙上或地面上。将变量"垂直速度"设置为0,然后校准y坐标。然后判断是否按下了"向上"键,如果是,就将垂直速度设置为15,表示角色要向上跳跃,然后播放声音"跳起"。

接着判断变量"左方有墙"是否等于"否",如果满足条件,表示"马里奥"的左边没有墙。然后判断是否按下了"向左"方向键,如果是,就将变量"滚动距离"减4,表示角色向左移动4个单位,并且将变量"是否移动"设置为1。

接下来判断变量"右方有墙"是否等于"否",如果满足条件,继续判断是否按下了"向右"方向键,如果是,就将变量"滚动距离"加4,表示角色向右移动4个单位,并且将变量"是否移动"设置为1。

第3段代码

这段代码也是一个自制积木,名为"变换造型"。这个积木的作用就是根据"马里奥"的移动情况和状态来切换相应的造型。

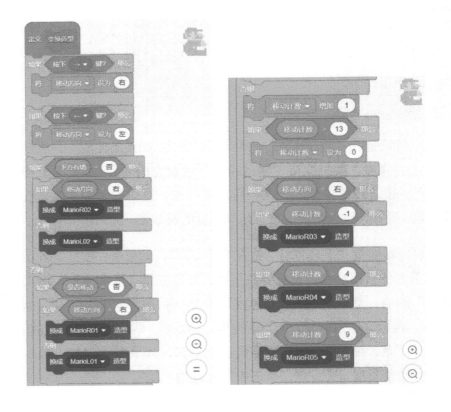

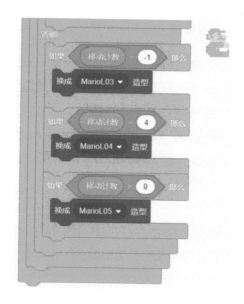

如果按下"向右"键，将变量"移动方向"设置为"右"。如果按下"向左"键，将变量"移动方向"设置为"左"。

如果变量"下方有墙"等于"否"，表示"马里奥"正在下落。如果"移动方向"等于"右"，那么将造型切换为"MarioR02"（3 号造型）；如果"移动方向"等于"左"，那么将造型切换为"MarioL02"（4 号造型）。

如果变量"下方有墙"不等于"否"，表示"马里奥"站在墙上或者地面上。那么要判断变量"是否移动"是否等于"否"，如果条件成立，继续判断"移动方向"是否等于"右"，如果是的，将造型切换为"MarioR01"；而如果"移动方向"不等于"右"，那么将造型切换为"MarioL01"。

如果"是否移动"不等于"否"，表示"马里奥"在移动，那么将变量".移动计数"加 1。如果".移动计数"大于 13，那么将其设置为 0。这么做可以避免玩家频繁按下移动键，导致角色造型变换太快。

如果"移动方向"为"右"，继续进行一组判断，并根据结果来切换造型：当".移动计数"大于 −1 且小于或等于 4 时，将造型切换为"MarioR03"（5 号造型，表示向右行走）；当".移动计数"大于 4 且小于等于 9 时，将造型切换为"MarioR04"（6 号造型，表示向右静止观察）；当".移动计数"大于

9且小于等于13时，将造型切换为"MarioR05"（7号造型，表示向右奔跑）。

如果"移动方向"不为"右"，继续进行一组判断，并根据结果来切换造型：当".移动计数"大于-1且小于等于4时，将造型切换为"MarioL03"（8号造型，表示向左行走）；当".移动计数"大于4且小于等于9时，将造型切换为"MarioL04"（9号造型，表示向左静止观察）；当".移动计数"大于9且小于等于13时，将造型切换为"MarioL05"（10号造型，表示向左奔跑）。

第4段代码

这段代码是一个自制积木，名为"击中马里奥"。当"马里奥"被"蘑菇怪"击中或者掉下悬崖时，执行这个积木。

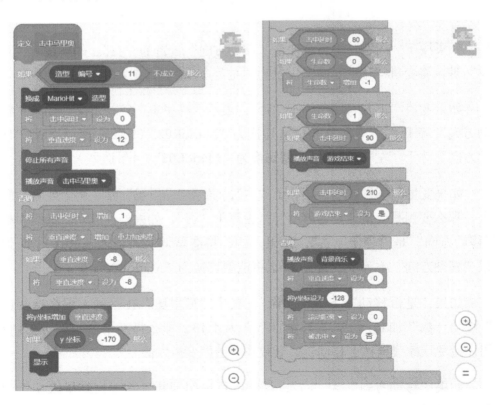

首先判断造型编号是否等于11（也就是"MarioHit"造型，表示"马里奥"死亡），如果不满足条件，那么切换为"MarioHit"造型。然后将变量".击中延时"设置为0。将变量"垂直速度"设置为12。停止所有声音，播放"击中马里奥"声音。

如果造型编号是11，表示已经是"MarioHit"造型。那么将变量".击中延时"加1。由于在角色的主程序中，"击中马里奥"这个积木位于循环内重复进行的条件检测之中，所以每次循环中，当变量".被击中"等于"是"（不等于"否"）时，都会增加".击中延时"变量，我们就可以将这个变量的值作为判断条件，来决定何时让游戏结束，或者再次复活"马里奥"，从而开始新一轮游戏。这里还要将"垂直速度"增加"重力加速度"。如果垂直速度小于-8，那么将"垂直速度"设置为-8，表示这是最大的下落速度。然后将y坐标增加"垂直速度"，表现出"马里奥"向下掉落的效果。如果y坐标大于-170，显示角色（注意后面的第5段代码，在游戏一开始的时候，"马里奥"角色是隐藏的），当y坐标小于-170时，"马里奥"已经落到了舞台下边缘之外，就不需要再显示了。

然后开始判断变量".击中延时"是否大于80，如果不满足条件，这个积木就结束了。如果满足条件，继续执行下面的代码。

判断变量"生命数"是否大于0，如果是，将"生命数"减1。然后判断"生命数"是否小于1，如果满足条件，表示"马里奥"被击中后没有更多的生命了，需要结束游戏。如果变量".击中延时"等于90，开始播放"游戏结束"的音乐，如果变量".击中延时"大于210，将变量"游戏结束"设置为"是"。如果"生命数"不小于1，那么播放"背景音乐"，表示重新开始这一关。然后将变量"垂直速度"设置为0，将y坐标设置为-128，"滚动距离"设置为0，"被击中"设置为"否"。

第5段代码

当点击绿色旗帜时，先隐藏角色，并且将变量"完成关卡"设置为"否"，将变量"游戏结束"设置为"是"。

第6段代码

当按下"s"键时，如果变量"游戏结束"等于"是"，那么将"游戏结束"设置为"否"，广播消息"开始游戏"。也就是当玩家按下"s"键时，游戏正式开始。

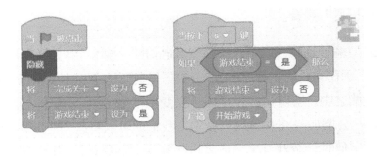

第7段代码

这是游戏启动代码，也是游戏的主程序代码。这段代码中调用了很多前面介绍过的自制积木，如下图所示。

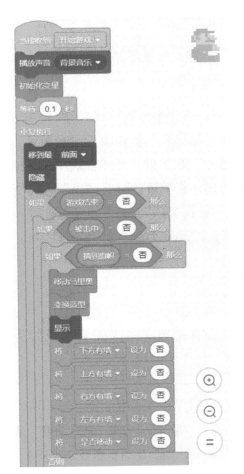

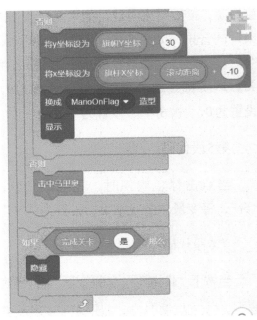

当接收到"开始游戏"消息的时候，首先播放"背景音乐"。然后调用"初始化变量"。等待 0.1 秒后，开始重复执行一个循环。在这个循环中，将角色移到最前面，然后隐藏。

接下来，判断变量"游戏结束"是否等于"否"，如果满足条件，表示游戏还没有结束。

继续判断变量"被击中"是否为"否"，如果不满足这个条件，表示"马里奥"死掉了，调用"击中马里奥"（在上图所示代码的最后一个"否则"部分）。如果满足条件，表示"马里奥"还活着，继续判断变量"摘到旗帜"是否为"否"，如果满足条件，表示没有摘到旗帜。接下来先调用"移动马里奥"，通过键盘方向键控制"马里奥"移动。然后调用"交换造型"来不断切换"马里奥"的造型并且显示角色。将变量"下方有墙""上方有墙""右方有墙""左方有墙"和"是否移动"都设置为"否"，为下一次移动和变换造型做准备。

如果变量"摘到旗帜"不等于"否"，表示玩家摘到旗帜，完成了这一关的任务，那么将 y 坐标设置为"旗帜 y 坐标"加 30，x 坐标设置为"旗杆 x 坐标"减去"滚动距离"再减去 10，也就是让"马里奥"骑到旗帜上，然后切换造型为"MarioOnFlag"（12 号造型，表示"马里奥"摘到旗帜）并且显示角色。最后判断变量"完成关卡"是否为"是"，如果满足条件，隐藏角色，表示玩家顺利通关。

2. "蘑菇怪"角色

"蘑菇怪"是另一个运动游戏角色，接下来选中它，编写代码。

第 1 段代码

这段代码是一个自制积木，名为"生成蘑菇怪"，它有两个参数，"number1"用来计算"蘑菇怪"的".初始 X 坐标"，"number2"用来计算"蘑菇怪"的 y 坐标。这个积木的作用是创建"蘑菇怪"的克隆体。

我们将 y 坐标设置为 number2*32 减去160，因为"蘑菇怪"角色的造型的宽度是32，所以我们用32作为基本单位。将".初始X坐标"设置为 number1*32，这个变量决定了生成"蘑菇怪"的 x 坐标。将变量".状态"设置为"活"，将变量".移动方向"设置为0 ~ 1之间的随机数，1表示向右，0表示向左。将".移动距离"设置为128，表示将"蘑菇怪"限定在一定的活动范围内。将变量".当前X位置"设置为".初始X坐标"到最远距离之间的一个随机数，目的是让"蘑菇怪"的出现位置有一定的随机性。最后克隆角色。

第2段代码

这段代码是一个自制积木，名为"蘑菇怪移动"，如下图所示。这段代码执行"蘑菇怪"的移动和造型切换任务。

首先判断变量".状态"是否等于"活"，如果不成立，表示"蘑菇怪"死掉了，将造型切换为"Goomba3"（3号造型表示"蘑菇怪"被踩死）。如果条件成立，表示"蘑菇怪"活着，继续判断变量".移动方向"是否等于1，如果满足条件，表示"蘑菇怪"将向右移动，那么将变量".当前X位置"加2。然后判断".当前X位置"是否大于".初始X坐标"加上".移动距离"，如果是，表示"蘑菇怪"已经到了规定范围的最右端，那么将".移动方向"设置为0，表示将要向左移动。

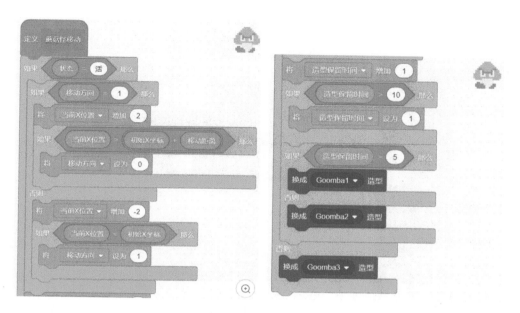

如果变量".移动方向"不等于1，表示"蘑菇怪"将向左移动，就将变量".当前X位置"减2，然后判断".当前X位置"是否小于".初始X坐标"，如果是，表示蘑菇怪已经移动到了限定范围的最左端，那么将".移动方向"设置为1，表示将要向右移动。

接下来，将变量".造型保留时间"加1，如果该变量大于10，那么将其设置为1。如果变量".造型保留时间"大于5，切换造型为"Goomba1"，否则切换造型为"Goomba2"。使用变量".造型保留时间"来设置多久切换造型，从而实现"蘑菇怪"移动的动画效果。

第3段代码

这段代码是一个自制积木，名为"马里奥和蘑菇怪的碰撞"。它的作用是判断是"蘑菇怪"挤死"马里奥"，还是"马里奥"踩死"蘑菇怪"。

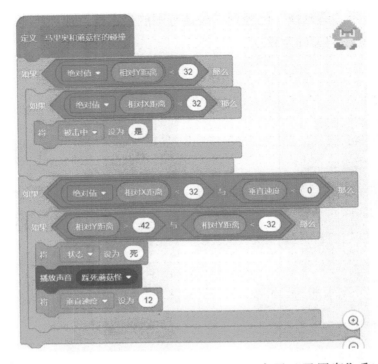

如果变量".相对 Y 距离"的绝对值小于32，表示"马里奥"和"蘑菇怪"在垂直方向上的距离小于32。"马里奥"和"蘑菇怪"的高度都是32，垂直方向上的距离小于32，意味着它们几乎在同一个水平面。在这种情况下，继续判断变量".相对 X 距离"的绝对值是否小于32，如果条件成立，表示"马里奥"和"蘑菇怪"在水平方向上的距离也小于32。"马里奥"和"蘑菇怪"的宽度都是32，水平方向上的距离小于32，意味着它们重叠到一起了，也就是相互挤到了（游戏开发中的术语叫作"碰撞"），就将变量"被击中"设置为"是"，表示"马里奥"被"蘑菇怪"挤死了（这是我们定义的"被击中"状态的一种）。

如果变量".相对 X 距离"的绝对值小于32并且"垂直速度"小于0，表示"马里奥"和"蘑菇怪"的水平距离差小于32，而且由于"垂直速度"是负数（意味着，y 坐标变化值为负），所以是下落过程。这种情况下，继续判断变量".相对 Y 距离"是否大于-42且小于-32，如果满足条件，表示"马里奥"是跳到了"蘑菇怪"之上，就将".状态"设置为死，播放"踩死蘑菇怪"的声音，并且将"垂直速度"设置为12，以便让"马里奥"落下后还能在"蘑菇怪"身上蹦几下，效果更为逼真。

第4段代码

这段代码是一个自制积木，名为"删除蘑菇怪"。它定义了什么时候删除"蘑菇怪"的克隆体。

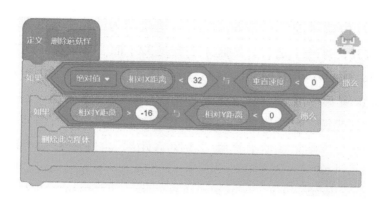

如果变量".相对X距离"的绝对值小于32并且"垂直速度"小于0，表示"马里奥"和"蘑菇怪"的水平距离差小于32，并且"马里奥"处于下落过程。然后判断变量".相对Y距离"是否大于-16并且小于0，如果满足条件，表示二者重叠，就删除"蘑菇怪"克隆体。

第5段代码

当点击绿色旗帜按钮时，隐藏角色。

第6段代码

当接收到"开始游戏"消息的时候，隐藏角色，等待0.1秒后，调用"生成蘑菇怪"，传递的参数分别是10和1，这两个参数决定了生成"蘑菇怪"的位置。

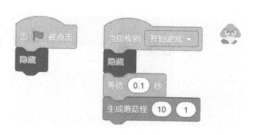

第7段代码

这是"蘑菇怪"的主程序代码。当作为克隆体启动时，首先显示克隆体。然后重复执行一个循环。在这个循环中，首先判断是否"游戏结束"或"完成关卡"，如果是，就删除克隆体。然后判断变量"'.当前X位置'减去'滚动距离'"的绝对值是否大于216，如果条件成立，说明"蘑菇怪"当前已经移动到舞台边缘之外了，隐藏角色。如果条件不成立，表示现在"蘑菇怪"在舞台上是可见的，调用"蘑菇怪移动"，然后判断一下"'.当前X位置'减去'滚动距离'"的绝对值是否小于36，如果是，表示"蘑菇怪"和"马里奥"的x坐标位置可能已经相邻或重叠。这是因为"马里奥"和"蘑菇怪"的造型都为32，其一半是16，加起来刚好是32；而"马里奥"向左或向右移动一步是4，那么小于32+4=36，一旦绝对值小于这个值，即说明这两个角色的x坐标位置相邻或者重叠。在这种情况下，将"蘑菇怪"的y坐标减去"马里奥"的y坐标，结果赋值给变量".相对Y距离"；将".当前X位置"减去"滚动距离"的结果赋值给变量".相对X距离"。接下来，判断变量".状态"是否等于"活"，如果条件成立，表示"蘑菇怪"还活着；然后判断变量".被击中"是否等于"否"，如果条件成立，表示"马里奥"没有被击中；在这种情况下，调用自制"马里奥和蘑菇怪的碰撞"。

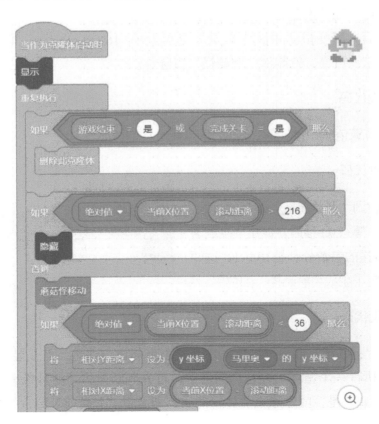

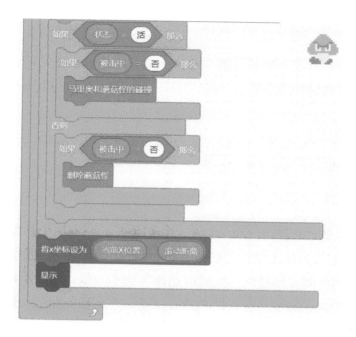

如果变量".状态"不等于"活"，表示"蘑菇怪"已经死了，继续判断变量".被击中"是否等于"否"，如果条件成立，调用自制积木"删除蘑菇怪"。

在进行了上述的一系列条件判断之后，将"蘑菇怪"的 x 坐标设置为".当前X位置"减去"滚动距离"，并且显示角色。

小贴士

在 Scratch 3.0 中，舞台的宽度是480，最左边坐标是−240，最右边是240。需要注意的一点是，我们在游戏中用到了"左右边框"这个角色，它在舞台的左右边缘各设置了40个单位的白边，起到了游戏遮幕的作用（该角色没有任何代码）。这样一来，游戏可视窗口的宽度为400，左边的坐标单位是−200，右边的坐标单位也是200。蘑菇怪造型的宽度是32，一半是16。因此，如果".当前X位置"减去"滚动距离"的绝对值大于216，表示蘑菇怪已经不在可视窗口之内了，我们应该将其隐藏。

第5步 编写静止游戏角色的代码

静止游戏角色是游戏场景的一部分，但它们是静止不动的，其代码比运动游戏角色的代码相对要简单一些。

1. "旗杆"角色

选中"旗杆"角色，编写代码。

第1段代码

这段代码是一个自制积木，名为"生成旗杆"，它有两个参数，"number1"用来计算变量".初始X坐标"的值，"number2"用来计算y坐标。这个积木的代码逻辑和前面介绍过的"生成蘑菇怪"积木类似，这里不再赘述，直接给出代码。要注意的是，这段代码最后克隆了"旗杆"角色，也克隆了"旗帜"角色。

第2段代码

当接收到"开始游戏"消息的时候，隐藏角色，等待0.1秒后，调用自制积木"生成旗杆"，传递的参数分别是34和-1，这两个参数决定了"旗杆"出现的位置。

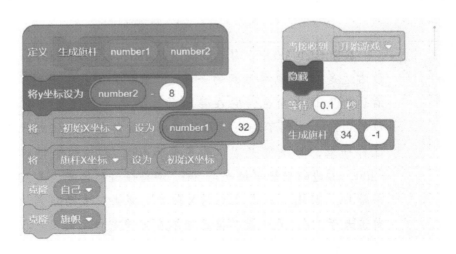

第3段代码

当作为克隆体启动时，执行的代码和"蘑菇怪"的克隆体启动代码的逻辑也是类似的，这里就不再赘述，直接给出代码。

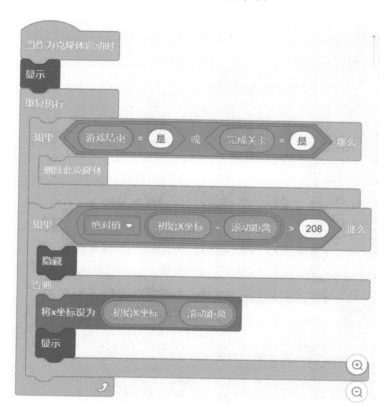

2."旗帜"角色

选中"旗帜"角色，编写代码。

第1段代码

当接收到"开始游戏"消息的时候，隐藏角色。

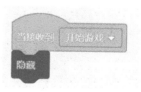

第2段代码

这段代码是当作为克隆体启动时执行的，其任务是判断"马里奥"是否摘到了"旗帜"，如果摘到了"旗帜"，完成降旗和过关任务。注意，"旗帜"

角色的克隆体，是在"旗杆"的"生成旗杆"积木中克隆的。

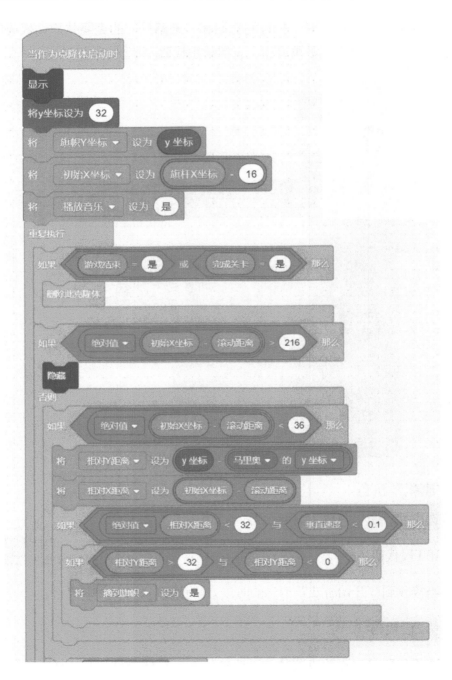

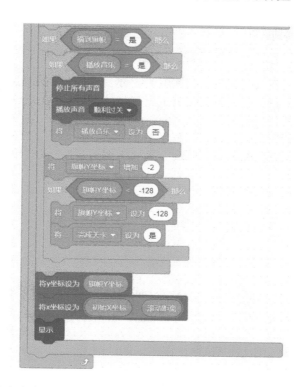

首先，显示角色，设置"旗帜"的y坐标为32。将变量"旗帜Y坐标"设置为y坐标的值。将"旗杆X坐标"减去16赋值给".初始X坐标"，因为"旗帜"在"旗杆"的左边，所以这里要减16；将".播放音乐"变量设置为"是"。

然后重复执行一个循环。在这个循环中，首先判断游戏是否结束或者是否完成关卡，如果是，就删除克隆体。如果游戏还在继续进行，就判断"旗帜"是否在可见的游戏窗口中，如果不在，就隐藏角色。

如果"旗帜"在舞台的可见范围之内，继续判断"旗帜"和"马里奥"这两个角色的水平位置是否达到相邻，如果成立，就将两个角色的y坐标差赋值给变量".相对Y距离"，将".初始X坐标"减去"滚动距离"的结果赋值给变量".相对X距离"。然后继续判断水平距离是否重叠且"垂直速度"是否小于0.1，如果都满足，则判断垂直距离是否小于32（"相对Y距离"是否大于−32）且"马里奥"的位置是否在上面（"相对Y距离"是否小于0），满足这两个条件的话，就将变量"摘到旗帜"设置为"是"。

如果变量"摘到旗帜"等于"是",继续判断".播放音乐"是否等于"是",如果条件成立,那么停止所有声音,播放"顺利过关"声音,然后将".播放音乐"变量设置为"否"。然后将"旗帜Y坐标"减2,开始降旗。如果"旗帜Y坐标"小于-128,那么将"旗帜Y坐标"设置为-128(旗帜下降到地面后就停止了),并且将"完成关卡"设置为"是"。然后将y坐标设置为"旗帜Y坐标",将x坐标设置为".初始X坐标"减去"滚动距离",并且显示角色。

3. "墙A"角色

选择"墙A"角色,编写代码。

第1段代码

这段代码是一个自制积木,名为"生成墙体",它有两个参数,"number1"用来计算变量".初始X坐标"的值,"number2"用来计算y坐标,然后克隆自己。

第2段代码

当接收到"开始游戏"消息的时候,隐藏角色,等待0.1秒后,调用自制积木"生成墙体"。我们多次调用,表示要生成多段墙体。每个角色的宽度是160,每次调用积木的参数"number1"都会相差5个单位,5×32等于160,所以表示这些墙体其实是连接到一起的,充当整个游戏中动态角色在其上移动的地面。

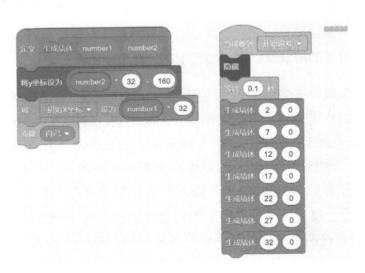

第3段代码

当作为克隆体启动时，执行这段代码，如下图所示。

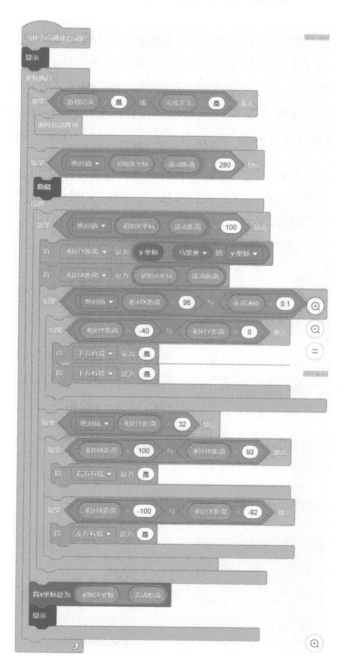

首先显示克隆体，然后重复执行一个循环。在这个循环中，先检查是否"游戏结束"或"完成关卡"，是的话，就删除克隆体。否则，判断克隆体是否在舞台的可见范围内，如果不是，就隐藏角色。

如果在可见范围之内，继续判断"墙A"和"马里奥"这两个角色的水平距离是否达到了相邻或重叠，如果是，将两个角色的y坐标之差赋值给变量".相对Y距离"，将".初始X坐标"减去"滚动距离"的结果赋值给变量".相对X距离"。如果水平距离达到重叠，并且两个角色的y坐标差大于−40且小于0，就将变量"下方有墙"设置为"是"，表示"马里奥"站在墙上。

如果".相对Y距离"的绝对值小于32，表示两个角色位于同一个水平面上，则继续判断".相对X距离"是否大于92且小于100，如果满足条件，将变量"右方有墙"设置为"是"，表示"马里奥"和"墙A"挨着，且"马里奥"在左，"墙"在右；否则，继续判断".相对X距离"是否大于−100且小于−92，如果满足条件，则将变量"左方有墙"设置为"是"，表示"马里奥"在右，"墙A"在左。然后将x坐标设置为".初始X坐标"减去"滚动距离"，并且显示角色。

4."墙B"角色

剩下的静止游戏角色，"墙B""墙C""墙D""墙E""管子"和"金币"，它们的代码逻辑和"墙A"的代码很相似。限于本书篇幅，我们就不在这里重复介绍了，仅仅选取其中个别特殊之处进行简单的说明。

"墙B"角色的代码和"墙A"角色类似，这里只列出代码，方便读者查看，不再详细解释。

第1段代码和第2段代码

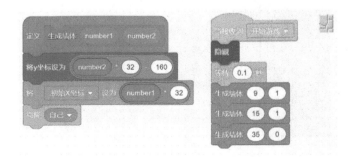

第3段代码

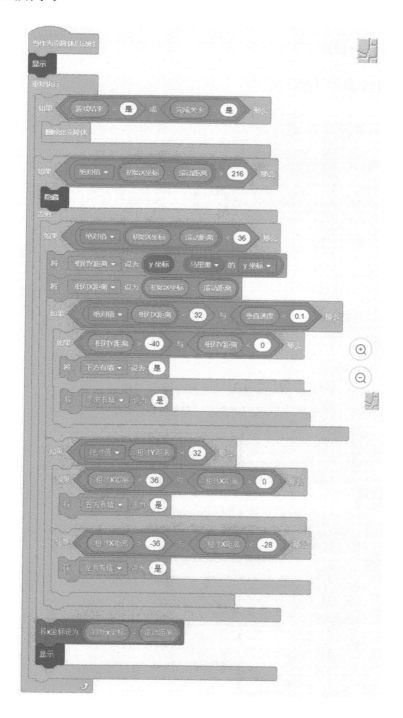

5. "墙C"角色

"墙C"角色的代码和"墙A"角色类似，这里只列出代码，方便读者查看，也不再详细解释。

第1段代码和第2段代码

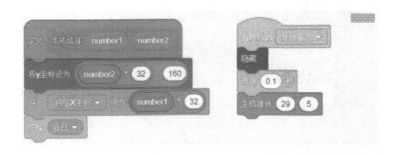

第3段代码

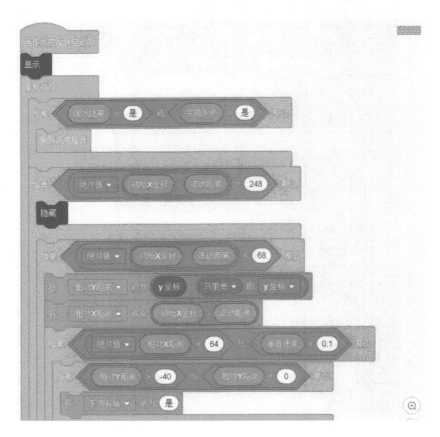

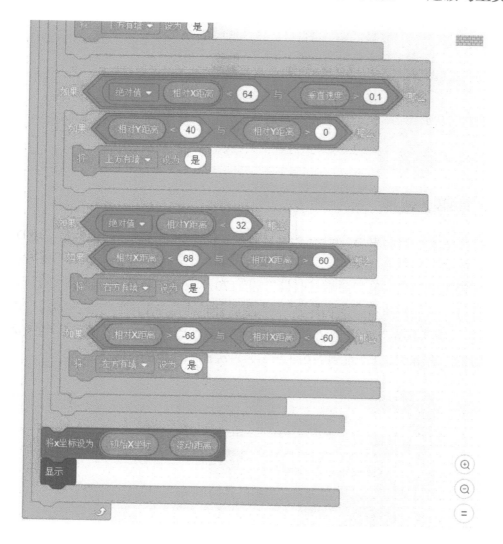

6. "墙D"角色

"墙D"角色和"墙A"角色最大的区别是当"马里奥"站到"墙D"上面以后，"墙D"会消失一段时间，过一段时间后又会出现。

第1段代码"生成墙体"和"墙A"角色的区别是，该角色设置了两个变量".激活状态"和".激活计数器"，并设置了初始值。也就是说，在正常情况下，变量".激活状态"为"是"，".激活计时器"为0。

第2段代码没有特殊之处，不再赘述，直接给出代码。

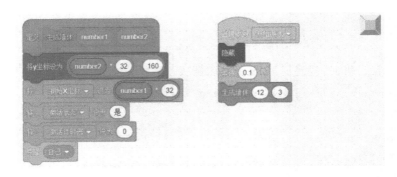

第3段代码

在这里，我们重点介绍一下和"墙A"有所不同的地方，也就是"墙D"的"激活"的状态。当"马里奥"跳到"墙D"上时，就会将变量"下方有墙"设为"是"，将".激活计时器"设为70，表示"墙D"的显示时间开始倒计时。然后每执行一次循环会将".激活计时器"减1，当它小于60时，就会将".激活状态"设置为"否"，此时会隐藏"墙D"的克隆体。而".激活计时器"会继续减1，直到为0时，才会再次显示角色的克隆体。

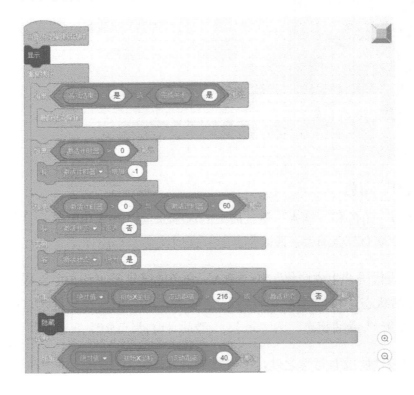

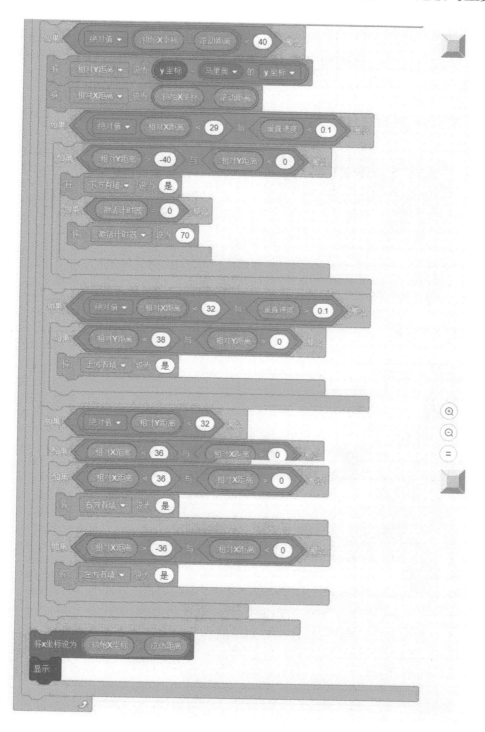

7. "墙E" 角色

"墙E" 角色的代码和 "墙A" 角色类似，这里只列出代码，不再详细解释。

第1段代码和第2段代码

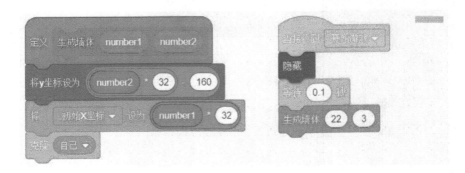

第3段代码

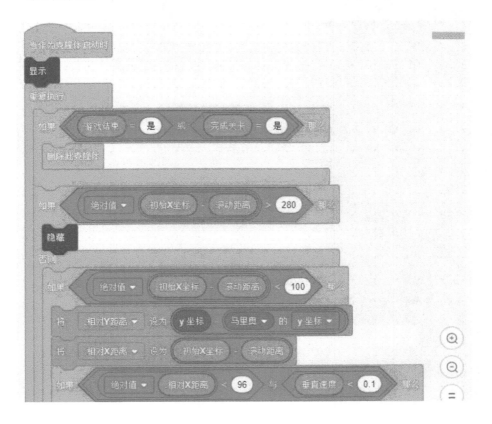

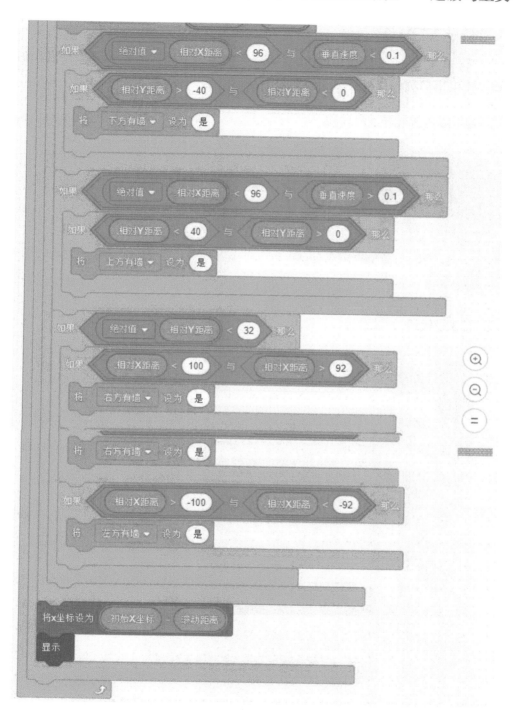

8. "管子A"角色

"管子A"角色的外形虽然和"墙"系列角色不同，但是代码也是很相似的，这里也只列出代码，不再详细解释。

第1段代码和第2段代码

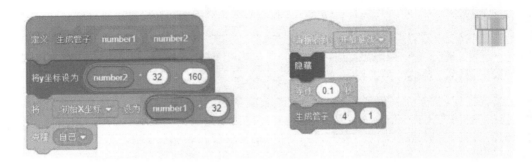

第3段代码

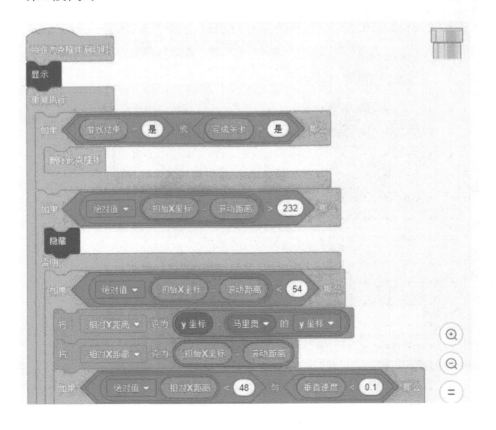

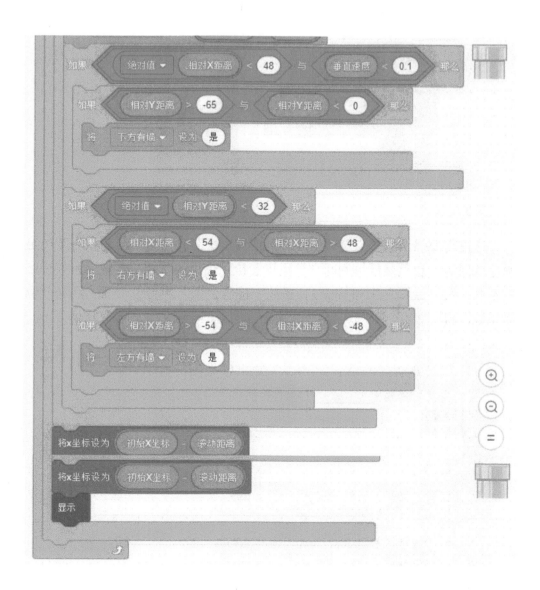

9."金币"角色

"金币"角色和"墙A"角色也类似，只是第3段代码有些不同。

第1段代码和第2段代码

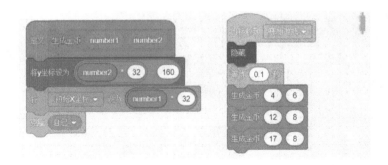

第3段代码

这里需要强调的一点是，当检测到"马里奥"和"金币"的相对距离足够小的时候，也就是能够判断"马里奥"捡到金币的时候，要做一系列相应的操作：将"金币"变量增加1，播放"捡到金币"声音，广播"增加个位金币数"，让"金币个位数"角色变换正确的造型，最后，删除克隆体。

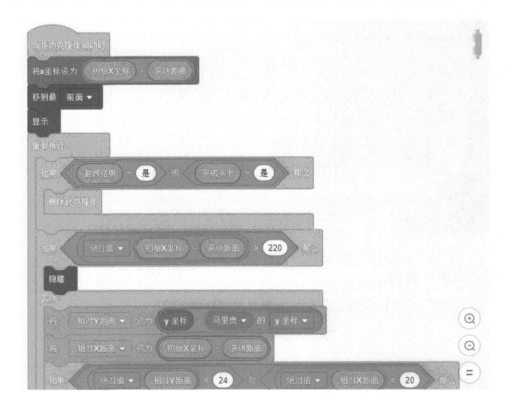

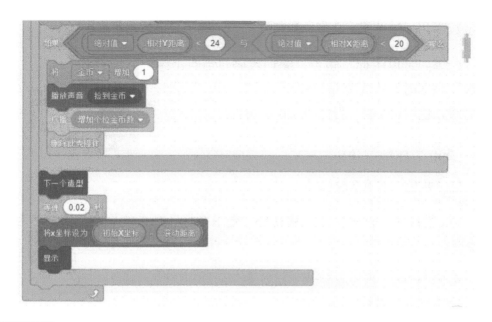

第6步 编写静止功能性角色的代码

静止功能性角色负责在游戏过程中触发消息或者提示信息，以表示游戏进行的状态或者使游戏能够顺利地衔接。其中大部分角色的代码逻辑都非常简单。

1."开始界面"角色

这个角色是当玩家点击绿色旗帜按钮之后立刻显示的角色，也是游戏的启动界面。选择"开始界面"角色，编写代码。当点击绿色旗帜按钮时，首先将"开始界面"角色移动到屏幕中央稍靠下的位置。然后重复执行一个循环。在这个循环中，判断"游戏结束"是否等于"是"，如果条件成立，显示角色，否则隐藏角色。

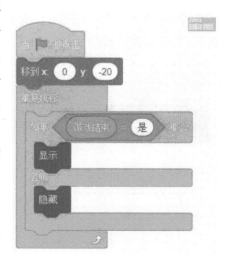

2."金币图标"角色

这个角色同"金币个位数"和"金币

215

十位数"共同起作用,从而提醒玩家已经获取了多少枚金币。

选择"金币图标"角色,编写代码。当点击绿色旗帜按钮时,首先将角色移动到屏幕中央的上部,然后将角色后移5层,避免挡住其他角色。

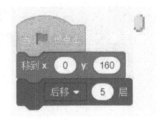

3. "金币个位数"角色

这个角色一共有3段代码。

第1段代码,首先将角色移动到"金币图标"角色的靠右位置,然后后移5层。

第2段代码,当接收到"开始游戏"消息的时候,切换为"0"造型(注意,这里是造型名称),将变量".个位金币数"设置为0。

第3段代码

在"金币"角色的代码中,当"马里奥"捡到金币的时候,就会触发"增加个位金币数"消息,这时会触发"金币个位数"角色的这一段代码,首先切换为角色的下一个造型(注意,角色的造型显示的是从0开始,一直按照顺序递增到9,所以顺序切换造型,就可以实现金币数的递增),将".个位金币数"的值增加1,然后判断".个位金币数"是否大于9,如果是,就要进位了,将".个位金币数"设置为0,并广播"增加十位金币数"。

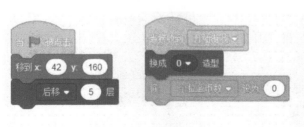
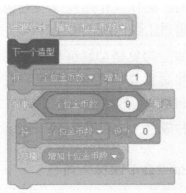

4. "金币十位数"角色

这个角色一共有3段代码。

第1段代码，首先将角色移动到"金币图标"角色和"金币个位数"角色的中间，然后后移5层。第2段代码，当接收到"开始游戏"消息的时候，切换为"0"造型（这里是造型名称）。

第3段代码，这是"金币十位数"角色中负责切换造型的代码，比较简单，当接收到"增加十位金币数"消息的时候，直接切换为下一个造型就可以了。

5. "马里奥图标"角色

这个角色和"马里奥数量"角色共同起作用，提醒玩家当前还剩下几条生命。

选择"马里奥图标"角色，编写代码。当点击绿色旗帜按钮时，首先将角色移动到屏幕右上方，然后后移5层，避免挡住其他角色。

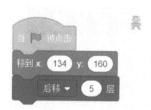

6. "马里奥数量"角色

这个角色一共有两段代码。

第1段代码，首先将角色移动到"马里奥图标"角色的右边，然后后移5层。

第2段代码，当接收到"开始游戏"消息的时候，重复执行一个循环。在这个循环中进行判断，只要游戏还没有结束并且"生命数"不为0，就将角色显示成编号为"生命数+1"的造型（其1号造型显示的值为0），否则，游戏结束，显示"0"造型（这里是造型名称）。

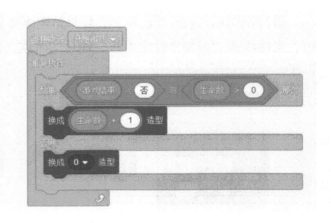

7. "游戏名称"角色

这个角色的作用只是显示游戏名称。当点击绿色旗帜按钮的时候，首先将角色移动到屏幕左上方，然后后移5层。

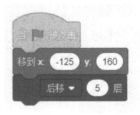

8. "左右边框"角色

这个角色在舞台的左右边缘各设置了40个单位的白边，起到了游戏遮幕的作用。当点击绿色旗帜按钮的时候，首先将角色移动到屏幕中央，然后重复执行一个循环，在这个循环中，将角色移到最前面，从而在舞台上形成游戏窗口。

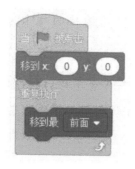

9. "下一关"角色

当完成关卡后，显示该角色，用来提醒玩家要进入下一关。该角色只有一段代码，当点击绿色旗帜按钮的时候，首先将角色移动到屏幕中央，然后重复执行一个循环。在这个循环中，判断"完成关卡"是否等于"是"，如果条件成立，显示角色，否则隐藏角色。

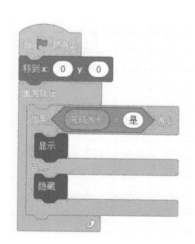

好了，到这里，这款游戏的所有代码就编写完成了。

涨涨：这个游戏的编写过程太漫长了，我都迫不及待地要尝试玩一玩了！

爸爸：那就快来试一试吧！

涨涨：我爱捡金币！

爸爸：涨涨，我们的这次愉快的趣味游戏编程之旅就要结束了！和读者朋友们说声再会吧！

涨涨：爸爸，虽然我有些舍不得，但这次我的Scratch 3.0游戏编程功力又有了不小的进步哦！读者朋友们，你感觉怎么样呢？